Alain Delloh Briand

Développement durable en Côte d'Ivoire

Alain Delloh Briand

Développement durable en Côte d'Ivoire

Mise en place d'un cadre institutionnel et réglementaire des énergies renouvelables

Presses Académiques Francophones

Impressum / Mentions légales
Bibliografische Information der Deutschen Nationalbibliothek: Die Deutsche Nationalbibliothek verzeichnet diese Publikation in der Deutschen Nationalbibliografie; detaillierte bibliografische Daten sind im Internet über http://dnb.d-nb.de abrufbar.
Alle in diesem Buch genannten Marken und Produktnamen unterliegen warenzeichen-, marken- oder patentrechtlichem Schutz bzw. sind Warenzeichen oder eingetragene Warenzeichen der jeweiligen Inhaber. Die Wiedergabe von Marken, Produktnamen, Gebrauchsnamen, Handelsnamen, Warenbezeichnungen u.s.w. in diesem Werk berechtigt auch ohne besondere Kennzeichnung nicht zu der Annahme, dass solche Namen im Sinne der Warenzeichen- und Markenschutzgesetzgebung als frei zu betrachten wären und daher von jedermann benutzt werden dürften.

Information bibliographique publiée par la Deutsche Nationalbibliothek: La Deutsche Nationalbibliothek inscrit cette publication à la Deutsche Nationalbibliografie; des données bibliographiques détaillées sont disponibles sur internet à l'adresse http://dnb.d-nb.de.
Toutes marques et noms de produits mentionnés dans ce livre demeurent sous la protection des marques, des marques déposées et des brevets, et sont des marques ou des marques déposées de leurs détenteurs respectifs. L'utilisation des marques, noms de produits, noms communs, noms commerciaux, descriptions de produits, etc, même sans qu'ils soient mentionnés de façon particulière dans ce livre ne signifie en aucune façon que ces noms peuvent être utilisés sans restriction à l'égard de la législation pour la protection des marques et des marques déposées et pourraient donc être utilisés par quiconque.

Coverbild / Photo de couverture: www.ingimage.com

Verlag / Editeur:
Presses Académiques Francophones
ist ein Imprint der / est une marque déposée de
OmniScriptum GmbH & Co. KG
Heinrich-Böcking-Str. 6-8, 66121 Saarbrücken, Deutschland / Allemagne
Email: info@presses-academiques.com

Herstellung: siehe letzte Seite /
Impression: voir la dernière page
ISBN: 978-3-8381-4068-1

IFRADD

isep

INSTITUT SUPERIEUR D'ELECTRONIQUE DE PARIS

INSTITUT FRANÇAIS DU DEVELOPPEMENT DURABLE

MBA spécialisé "Développement Durable et Gouvernance Responsable"

MBA spécialisé "Ingénierie Décisionnelle et Management Equitable®"

DEVELOPPEMENT DURABLE EN CÔTE D'IVOIRE :

MISE EN PLACE D'UN CADRE INSTITUTIONNEL ET REGLEMENTAIRE DES ENERGIES RENOUVELABLES

Thèse professionnelle préparée sous la direction de :

Denis BEAUTIER, Directeur des Formations Continues - ISEP

Dr. Alexis HAMEL, Directeur des Formations Continues - IFRADD

Alain Déziri Delloh BRIAND

"... Le développement durable c'est un développement qui s'efforce de répondre aux besoins du présent sans compromettre la capacité des générations futures à satisfaire les leurs."

Mme. Gro Harlem BRUNDTLANT, 1987.

DEDICACE

A mes enfants **Yohan** et **Maéva**,
qui ont été pour moi la source de motivation dès l'entame de cette formation
MBA, dans l'espoir de leur laisser un monde plus sain ….

REMERCIEMENTS

Au travers de ces quelques lignes, je tiens à remercier :

l'équipe de consultants du cabinet ACDE Conseil ;

l'Institut Supérieur d'Electronique de Paris (ISEP) ;

pour la collaboration, les formations reçues, le support académique et logistique.

Des remerciements particuliers :

M. Alain DEVILLERS ;

Dr. Alexis HAMEL ;

M. Dominique ROCHER ;

l'Institut Français du Développement Durable (IFRADD) ;

la société EXOSUN ;

pour le financement de la bourse de formation, la formation reçue et le suivi pédagogique.

LISTE DES ABREVIATIONS

- ANARE : Autorité Nationale de Régulation du secteur de l'Electricité
- BAD : Banque Africaine de Développement
- BM : Banque Mondiale
- BT : Basse Tension
- C.A.A. : Caisse Autonome d'Amortissement
- CCNUCC : Convention Cadre des Nations Unies sur le Changement Climatique
- CEB : Communauté Electrique du Bénin
- CI-ENERGIES : Sociétés des Energies de Côte d'Ivoire
- CIE : Compagnie Ivoirienne d'Electricité
- DCGTx : Direction et Contrôle des Grands Travaux
- DENR : Direction des Energies Nouvelles et Renouvelables
- DGE : Direction Générale de l'Energie
- DSRP : Document de Stratégie de Réduction de la Pauvreté
- EDM : Energie Du Mali
- EECI : Energie Electrique de la Côte d'Ivoire
- EEEOA / WAPP : Système d'Echanges d'Energie Electrique Ouest Africain / West African Power Pool
- EPIC : Etablissement Public à caractère Industriel et Commercial
- ER : Energie Renouvelable
- EnR : Energie nouvelle et Renouvelable
- kWh : kilo Watt heure
- LBTP : Laboratoire National du Bâtiment et des Travaux Publics
- MMPE : Ministère des Mines, du Pétrole et de l'Energie (Côte d'Ivoire)
- MT : Moyenne Tension
- PNE : Programme National d'Economie d'Energie
- PNUD : Programme des Nations Unies pour le Développement
- SNE : Séminaire National sur l'Energie
- SOGEPE : Société de Gestion du Patrimoine du secteur de l'Electricité
- SONABEL : Société Nationale Burkinabé d'Electricité
- SOPIE : Société d'Opération Ivoirienne d'Electricité
- TEP : Tonne Equivalent Pétrole

SOMMAIRE

DEDICACE 3

REMERCIEMENTS 4

LISTE DES ABREVIATIONS..5

LISTE DES TABLEAUX 8

LISTE DES FIGURES 9

INTRODUCTION..10

CHAPITRE I : SECTEUR DE L'ELECTRICITE EN CÔTE D'IVOIRE 14

    I.1. EVOLUTION DU CADRE INSTITUTIONNEL...14

        1.1.1. Organisation monopolistique verticalement intégrée (de 1960 à 1985) 14

        1.1.2. Formalisation du cadre d'exploitation du service public de l'électricité 15

        1.1.3. Restructuration.. 15

    I.2. MARCHE DU SECTEUR DE L'ELECTRICITE EN CÔTE D'IVOIRE...................26

        1.2.1. Parc de production 26

        1.2.2. Bilan offre-demande d'électricité de 2001 à 2010... 29

        1.2.3. Marché sous-régional et échanges.. 29

CHAPITRE II : ENERGIES RENOUVELABLES ET CADRE INSTITUTIONNEL ET
REGLEMENTAIRE...32

    II.1. SITUATION DES ENERGIES RENOUVELABLES (Hormis l'hydro-électricité)...32

        2.1.1. Energie solaire 32

        2.1.2. Energie éolienne 34

        2.1.3. Biomasse 34

        2.1.4. Biogaz.. 35

    II.2. CADRE REGLEMENTAIRE ET INSTITUTIONNEL DES ENERGIES
RENOUVELABLES 36

        2.2.1. Procédure actuelle d'instruction des projets de production d'électricité à partir des
énergies renouvelables 36

        2.2.2. Bilan de l'utilisation des sources d'énergie renouvelable 38

        2.2.3. Initiative du Séminaire National sur l'Energie édition 2012.................................... 39

CHAPITRE III : PROPOSITIONS POUR L'ELABORATION D'UN CADRE
INSTITUTIONNEL ET REGLEMENTAIRE DES ENERGIES RENOUVELABLES.........44

   III.1. CADRE REGLEMENTAIRE 45

   III.2. ACTEUR PRINCIPAL 46

   III.3.   MECANISME DE FINANCEMENT 48

      3.3.1.   Fonds de l'énergie 48

      3.3.2.   Le recours aux programmes des organismes d'aide au développement......................... 49

      3.3.3.   Le fonds carbone – projets MDP... 49

      3.3.4.   Développement de fonds de crédit spécifique et partenariat public-privé 50

      3.3.5.   Les incitations financières 51

CONCLUSION 52

BIBLIOGRAPHIE 54

ANNEXES 55

LISTE DES TABLEAUX

Tableau 1. Approvisionnements totaux – Energie primaire (1995 – 2001) 10

Tableau 2. Résumé Forces/Faiblesses du cadre institutionnel du secteur de l'électricité 26

Tableau 3. Bilan offre-demande d'électricité en GWh (2001-2010) 29

Tableau 4. Forces et faiblesses de l'axe stratégique "Développement des énergies alternatives" 38

Tableau 5. Recommandations de la Commission Energies Renouvelables au SNE 2012.......43

LISTE DES FIGURES

Figure 1. Schéma du cadre institutionnel du secteur électrique ivoirien (2010).....................22

Figure 2. Schéma du nouveau cadre institutionnel du secteur électrique ivoirien (2012) 25

Figure 3. Production électrique brute en GWh (1990-2010)..27

Figure 4. Capacité installée totale en MW (1960-2010) 27

Figure 5. Evolution des échanges d'énergie entre Côte d'Ivoire et la Sous-région en GWh (1960-2010)..29

Figure. 6. Les parties prenantes au développement des EnR/EE...46

9

INTRODUCTION

Contexte général

Le contexte énergétique de la Côte d'Ivoire est caractérisé par une balance énergétique excédentaire – les exportations d'énergie étant supérieures aux importations. Près de 78% du bilan énergétique primaire[1], est constituée par les sources liées aux énergies renouvelables (biomasse, etc.). La biomasse reste de loin la première source d'énergie consommée en Côte d'Ivoire.

Production (kTEP[2])	1995	1996	1997	1998	1999	2000	2001
Pétrole brut	304	779	715	498	436	342	275
Gaz naturel	96	510	818	795	1 160	1 172	1 273
Energie primaire à partir d'énergie renouvelables comb. et déchets	3 701	3 820	3 931	4 008	4 113	4 224	5 748
Electricité d'origine hydraulique	148	153	162	118	151	152	155
Importations nettes[3] d'électricité	- 43	- 55	- 104	- 51	- 128	- 132	-99
Total approvisionnement intérieur énergie primaire (kTEP)	4 207	5 207	5 521	5 369	5 731	5 757	7 352

Tableau 1. Approvisionnements totaux – Energie primaire (1995 – 2001)

Le secteur énergétique, quant à lui, se caractérise (hormis l'hydroélectricité) par une absence quasi-totale des énergies renouvelables (biocarburants, énergie éolienne, solaire, etc.) et une sévère crise économique et financière dans le sous-secteur de l'électricité.

Avec une consommation énergétique per capita relativement faible qui s'élevait à fin 2008 à 186kWh /hab., le secteur énergétique devrait faire face à des défis majeurs liés principalement à la forte croissance économique projetée par les autorités ivoiriennes pour les court et moyen termes dans le Document de Stratégie de Réduction de la Pauvreté (DSRP).

---

[1] Rapport provisoire MESSAGE _Evaluation de la fourniture en énergie électrique 2001-2025_Nov. 2008_Equipe Planification Energétique de la Côte d'Ivoire
[2] La tonne d'équivalent pétrole (symbole TEP) est une unité d'énergie. Elle vaut, selon les conventions, 41,868 GJ, ce qui correspond environ au pouvoir calorifique d'une tonne de pétrole "moyenne". 1TEP = 11 630 kWh
[3] Importations nettes = Import - Export

Ces défis peuvent être résumés en :

- une forte demande énergétique suite à la forte croissance économique envisagée avec un taux de croissance économique de plus de 5% juste à la sortie de la crise sociopolitique et militaire puis un taux de croissance de l'ordre de 7% dans le moyen terme ;
- une accentuation au niveau international du caractère vital et stratégique de l'énergie qui entraine une modification de la demande mondiale ;
- des contraintes et préoccupations environnementales surtout pour le réchauffement climatique dont la Côte d'Ivoire est signataire depuis 1992 de la Convention Cadre des Nations Unies sur le Changement Climatique (CCNUCC).

En plus de ces défis globaux, le sous-secteur de l'énergie électrique, qui est un des sous-secteurs stratégiques, connait des difficultés qui perdurent. En effet, en 1984, le secteur de l'électricité de Côte d'Ivoire dont la majorité de la capacité de production était l'hydroélectricité, a connu un important déséquilibre entre l'offre et la demande suite à une forte baisse de la pluviométrie. L'une des conséquences de ce déséquilibre fut l'alourdissement de la facture énergétique du pays du fait de la nouvelle orientation vers la production thermique à partir du gaz naturel. De plus, ce déséquilibre est apparu juste au début de la sévère crise économique due à la dépréciation des prix de vente des matières premières.

Contexte particulier du secteur de l'électricité

La Côte d'Ivoire à l'instar de plusieurs autres états africains parvenus à l'indépendance politique, a compris que l'énergie était un facteur clé pour l'industrialisation et donc que le secteur électrique jouait un rôle essentiel dans le développement économique et social d'un pays. Face à cette évidence, l'Etat ivoirien mettra très tôt l'accent sur le développement du secteur électrique traditionnel en l'organisant selon la structure publique, monopolistique et verticalement intégré.

Les principales préoccupations étaient les suivantes :

i. réserver à la collectivité nationale la gestion de biens qui pourraient conférer à des personnes privées une puissance trop importante par rapport à celle de l'Etat, protéger la souveraineté nationale et la sécurité alimentaire du pays, rechercher l'intérêt général des populations ;

ii. suppléer à l'insuffisance de l'initiative privée, rationaliser le développement du secteur sur l'ensemble du territoire et assurer un certain rythme de développement.

Au niveau de la production électrique, l'option hydraulique a été retenue dans le sens de la réduction des coûts de production. Les différents chocs pétroliers (1973 et 1979) ont conforté la Côte d'Ivoire dans la poursuite de sa politique de développement des barrages hydroélectriques. Cette option a permis à la compagnie électrique nationale, Energie Electrique de Côte d'Ivoire (EECI) de satisfaire à moindre frais, en année de bonne hydraulicité, la demande nationale d'énergie électrique avec la production des équipements hydroélectriques.

Cependant, en 1983, le système électrique ne pouvait plus répondre à la demande car la puissance disponible des centrales hydroélectriques était quasi nulle suite à la grande sécheresse qu'a connue la Côte d'Ivoire. Dans ce contexte, une nouvelle législation en matière d'électricité (loi n°85–583 du 29 Juillet 1985) a été adoptée et attribuait le monopole du transport, de la distribution, de l'exportation et de l'importation de l'énergie électrique à l'Etat. Le segment de la production n'était plus soumis au monopole. Dans ce cadre, un contrat de concession a été signé en novembre 1990, pour une durée de 15 ans, entre l'Etat et la Compagnie Ivoirienne d'Electricité (CIE), un opérateur privé.

Avec l'avènement du gaz naturel ivoirien à bon marché au début des années 90, (le pays produit du gaz associé à la production pétrolière et à partir de gisement proprement gaziers), le secteur s'est résolument orienté vers une option thermique à gaz très prononcée en gelant les projets de centrales hydroélectriques (le dernier aménagement hydroélectrique date de 1983 – FAYE, 5 MW).

C'est ainsi que deux producteurs indépendants d'électricité sont apparus dans le secteur, respectivement en 1994 et en 1998 : CIPREL (210 MW) et AZITO ENERGIE (300 MW). Ces deux centrales thermiques, ainsi que celle de VRIDI 1 exploitée par la CIE, utilisent le gaz naturel fourni, à partir du bassin sédimentaire ivoirien, par trois groupements d'opérateurs privés représentés par AFREN, FOXTROT et CNR. A cet effet, l'Etat a signé des contrats de vente et d'achat de gaz naturel avec ces opérateurs.

Devant cette complexité croissante qui avait conduit à la prolifération de diverses commissions de coordination, groupes de travail et organisme ad hoc, l'Etat a entrepris en décembre 1998 une réforme institutionnelle afin de mieux maîtriser ses attributions dans le secteur. L'EECI a été liquidée et trois (3) nouvelles sociétés d'Etat ont été alors créées :

- l'Autorité Nationale de Régulation du secteur de l'Electricité (ANARE), chargée du contrôle des opérateurs du secteur, de l'arbitrage des conflits, et de la protection des intérêts du consommateur ;
- la Société de Gestion du Patrimoine du secteur de l'Electricité (SOGEPE), chargée de la gestion du patrimoine de l'Etat dans le secteur, de la gestion des flux financiers et de l'établissement des comptes consolidés du secteur ;
- la Société d'Opération Ivoirienne d'Electricité (SOPIE), chargée du suivi des mouvements d'énergie, des études et de la planification, ainsi que de la maîtrise d'œuvre des travaux d'investissements revenant à l'Etat en matière de renouvellement et d'extension des réseaux de transport et d'électrification rurale.

En octobre 2005, la convention de concession du service public de l'électricité signé entre l'Etat et la CIE a été prorogée de 15 ans.

CHAPITRE I : SECTEUR DE L'ELECTRICITE EN CÔTE D'IVOIRE

I.1. EVOLUTION DU CADRE INSTITUTIONNEL

On distingue trois (3) périodes :

- celle de 1960 à 1985 où le service public de l'électricité fonctionnait sans un texte législatif spécifique en la matière et tenu par une seule structure verticalement intégré ;
- celle de 1985 à 1990 marquée par l'avènement d'une loi sur l'électricité introduisant notamment la libéralisation de la production ;
- la période 1990 à 2010, marquée par la privatisation du secteur :
  - o la concession de l'exploitation du service public de l'électricité à la Compagnie Ivoirienne d'Électricité (CIE) en 1990 ;
  - o l'avènement des producteurs indépendants d'électricité à partir de 1994 ;
  - o la restructuration du secteur de l'électricité en 1998.

1.1.1. Organisation monopolistique verticalement intégrée (de 1960 à 1985)

La société anonyme d'économie mixte, Energie Electrique de Côte d'Ivoire (EECI) a été créée en 1952. Elle était placée sous la tutelle du Ministère chargé de l'Economie, des Finances et du Plan. Un Commissaire du Gouvernement assurait auprès de l'EECI le suivi de la politique énergétique nationale. L'EECI était administrée par un Conseil d'Administration dont les membres étaient désignés par l'Assemblée Générale des actionnaires et gérée par un Directeur Général qui a mis en place des structures pour mener à bien les activités dont il avait la charge.

Il n'existait aucun texte législatif en la matière jusqu'en 1985. L'Etat a essayé de combler ce vide juridique en concluant une série de concessions avec l'EECI. Ces concessions au champ d'application limité aux seules villes qui en faisaient l'objet, étaient relatives à la distribution publique de l'énergie dans les villes d'Abidjan, Bingerville, Grand-Bassam, Bouake et dans les centres d'Agboville, de Daloa, de Dimbokro et de Gagnoa.

1.1.2. Formalisation du cadre d'exploitation du service public de l'électricité
(à partir de 1985)

La loi n° 85-583 du 29 juillet 1985 organisant la production, le transport et la distribution de l'énergie électrique est promulguée, accompagnée du décret n°85584 du 29 juillet 1985, concédant le service public de l'électricité à la société Energie Electrique de Côte d'Ivoire (*Cf. Annexe 1 : Côte d'Ivoire _ Loi n° 85-583 du 29 juillet 1985*).

Cette loi vient ainsi formaliser le cadre d'intervention dans le secteur de l'électricité en permettant l'ouverture du segment de la production aux opérateurs privés et l'étendant à toutes les sources d'énergie autorisées.

Dans le cadre du Programme National d'Economies d'Energie (PNEE) qui visait la réduction des dépenses d'abonnement Moyenne Tension (MT) de l'Administration, le Bureau des Economies d'Energie (BEE) est créé en avril 1986, au sein de la Direction de l'Energie et des Infrastructures du Ministère de l'Industrie et du Plan.

1.1.3. Restructuration
1.1.3.1. Contexte des restructurations

Avec la crise économique des années 1980 et dans un contexte international difficile, le modèle des entreprises publiques s'effrite, à cause notamment du ralentissement de la croissance de la demande, des difficultés à subventionner les tarifs et à financer les investissements par des emprunts internationaux et de l'impossibilité à faire face au service de la dette.

Au début des années 1990, le secteur électrique ivoirien est confronté à des difficultés de plusieurs ordres :

- faible indice de satisfaction ;
- taux de disponibilité des unités de production bas ;

15

- au niveau financier : perte de 8 milliards de FCFA en 1988/89 pour un capital équivalent ; pertes cumulées d'environ 120 milliards de FCFA arriérés de l'Etat y compris; frais financier évalués à 19 milliards de FCFA/an pour une masse salariale de 17 milliards FCFA ; trésorerie sérieusement compromise par l'augmentation des impayés ;
- approvisionnement à des coûts plus élevés que le marché.

D'autres faiblesses existent au plan institutionnel avec un poids excessif de la tutelle et des pouvoirs publics et une perte totale de la crédibilité du secteur auprès des fournisseurs et des bailleurs de fonds.

L'Etat de Côte d'Ivoire va alors décider de nouveaux objectifs et organiser deux (2) restructurations : celle de 1990 et celle de 1998.

1.1.3.2. Les nouveaux objectifs à partir de 1990

Face à ces difficultés, le gouvernement décide de la restructuration du secteur électrique sur la base des objectifs principaux suivants :

i. favoriser le désengagement de l'Etat et orienter ses interventions vers les fonctions de régulation du secteur et de détermination de la politique énergétique nationale ;

ii. améliorer les performances techniques, économiques et financières du secteur ;

iii. préserver les capacités d'autofinancement et de financement externe, national ou international permettant d'assurer le développement des infrastructures ;

iv. aboutir à terme à la baisse des tarifs de l'électricité.

A partir du 1er novembre 1990, l'Etat décide de séparer l'exploitation, confiée à un professionnel privé la Compagnie Ivoirienne d'Electricité (CIE) de la gestion du patrimoine dont l'EECI continue d'assurer l'entière responsabilité. Cette décision marque ainsi l'avènement du partenariat public-privé dans le secteur de l'électricité.

1.1.3.3. Les nouveaux acteurs à partir de 1990

Les missions de l'EECI se résumaient alors en la gestion du patrimoine, les travaux de renouvellement et réhabilitation, l'électrification rurale et le contrôle des activités de la CIE.

a) Les responsabilités du concessionnaire CIE

Cette convention est signée pour une durée de quinze (15) années, reconductible pour deux (2) périodes successives de trois (3) années chacune. Ses dispositions sont les suivantes :

- en tant qu'exploitant du réseau, la CIE n'est responsable ni des travaux de gros entretien, ni des travaux de renouvellement, de réhabilitation, d'extension, de renforcement et de développement du réseau ;

- les travaux mis à la charge de la CIE sont constitués par l'ensemble des activités et travaux nécessaires au maintien des ouvrages en bon état de fonctionnement, en vue d'optimiser leurs durées d'utilisation technique et de manière à ce que ces durées ne soient pas inférieures à des normes précisées dans la Convention de Concession Etat-CIE ;

- les gros travaux d'entretien et/ou de renouvellement des ouvrages, sont décidés par l'Etat, sur recommandation de la CIE. Ces travaux, relevant de la responsabilité de l'Etat, sont consignés dans des Conventions Périodiques conclues entre l'Etat et la CIE pour une durée maximale de trois (3) ans.

b) Les nouveaux acteurs de gestion et de développement du service public

i. Au titre du pouvoir général de contrôle de l'Etat

L'organisation suivante a été mise en place :

– une commission technique composée de représentants du Ministère chargé de la tutelle technique, de la Direction et Contrôle des Grands Travaux (DCGTx), actuel Bureau National d'Etudes Techniques et de Développement (BNETD) et de l'EECI, responsable des marchés relatifs aux travaux exécutés par l'EECI. A ce titre, cette Commission assure l'élaboration des dossiers d'appel d'offres, le lancement des consultations, l'analyse des offres, la rédaction des marchés ;

- un contrôleur, la DCGTx (actuel BNETD), chargée du contrôle à tous les stades de la mission de maîtrise d'ouvre confiée à l'EECI, dans le cadre du développement du secteur de l'électricité en Côte d'Ivoire.

ii. Au titre de la maîtrise de la gestion financière du secteur de l'électricité

L'Etat a créé par le décret No 94-244 du 28 avril 1994, le Fonds National de l'Énergie Electrique "FNEE", dont la mission est d'assurer la gestion financière équilibrée des ressources et des emplois du secteur de l'électricité. Le FNEE est logé au sein de la Caisse Autonome d'Amortissement (C.A.A.), organisme national principalement chargé de la gestion de la dette publique. Le FNEE est administré par un comité de gestion composé de représentants du Ministère chargé de l'Énergie, du Ministère de l'Économie et des Finances, de la C.A.A., de la DCGTx et de l'EECI.

Le comité de gestion est assisté par un comité technique constitué par des représentants des institutions citées ci-dessus et de la CIE en tant qu'observateur.

Spécifiquement, le FNEE a pour mission d'assurer :

- le service de la dette contractée par l'EECI ou celle contractée par l'Etat et transférée à l'EECI dans le cadre du financement des équipements et ouvrages du secteur de l'électricité;

- le règlement des dépenses de renouvellement et des travaux neufs nécessaires au secteur de l'électricité ;

- la liquidation et le paiement des arriérés et passifs de l'EECI ;

- le contrôle du versement régulier de la redevance par le Concessionnaire du service public.

iii. Au titre de la maîtrise de la gestion des projets du secteur de l'électricité

En 1995, des équipes ont été créées par le Ministère chargé de l'Énergie pour s'occuper de problèmes spécifiques au secteur de l'électricité :

- le Groupe Spécial pour l'Électrification Rurale "GSPER", chargé de la gestion du vaste programme d'électrification rurale lancé en 1995 par le Gouvernement de la République de Côte d'Ivoire et destinée à assurer un accès étendu des populations ivoiriennes au confort moderne que constitue l'électricité ;

- le Groupe Projet Énergie Secteur Privé Côte d'Ivoire-Banque Mondiale, "G.P.E", chargé de veiller à la satisfaction des conditions de mise en place du financement de l'IDA destiné à l'étape n°2 des ouvrages de la CIPREL et de la mise en œuvre des mesures complémentaires retenues en accord avec la Banque Mondiale. Le GPE était également chargé de superviser la réalisation des ouvrages de la Compagnie Ivoirienne de Production d'Électricité (CIPREL), en particulier les ouvrages de l'étape 2, ainsi que des mesures complémentaires, constituait de ce fait l'interlocuteur privilégié de la Banque Mondiale et de la CIPREL dans le cadre du prêt d'énergie secteur privé Côte d'Ivoire -Banque Mondiale.

a) *Les nouveaux acteurs du segment de la production*

i. *Arrivée du Producteur Indépendant d'Électricité CIPREL*

Le 20 Juillet 1994, l'Etat de Côte d'Ivoire a signé avec la société privée Compagnie Ivoirienne de Production d'Electricité (CIPREL), une Convention pour la Construction, l'Exploitation et le Transfert de Propriété d'une centrale thermique de production d'électricité. La CIPREL est une société ivoirienne de droit privé, dont le capital est détenu en totalité par des actionnaires privés non-ivoiriens. La puissance installée de la centrale de la CIPREL est de 210 MW.

Les principales stipulations de la Convention CIPREL sont notamment les suivantes :

- tout le combustible, liquide ou gazeux, nécessaire au fonctionnement des ouvrages de la centrale de la CIPREL est fourni par l'Etat, sans frais pour la CIPREL ;
- la production annuelle d'énergie électrique est garantie sur la base d'un contrat « Take or Pay » de 1.410 GWh ;
- la rémunération de la CIPREL est basée sur une composante unique d'énergie. Le prix unitaire convenu, en francs CFA par kilowattheure (FCFA/kWh), révisable conformément aux stipulations de la Convention Etat – CIPREL, est appliqué uniformément au volume d'énergie électrique effectivement livré par CIPREL au Concessionnaire ;
- la Convention de la CIPREL est conclue pour une période de dix-neuf (19) ans à compter du 8 Juillet 1994.

ii. *Arrivée du Producteur Indépendant d'Électricité AZITO ENERGY*

En Septembre 1997, l'État de Côte d'Ivoire a signé avec la société privée CINERGY S.A., une convention de concession pour le développement d'une centrale électrique au gaz naturel à Azito. La centrale Azito a été réalisée entièrement à partir de financements privés et à l'issue d'un appel d'offres international, avec pré-qualification. La puissance totale installée serait en phase finale est de 450 MW.

La Convention de Concession a été conclue pour une période de 24 ans, à compter de Septembre 1995. La rémunération d'Azito Energie comprend :

- une composante fixe de puissance et d'exploitation/maintenance, fonction de la puissance disponible de la centrale (Take or Pay puissance) ;
- une composante variable d'énergie, en fonction de l'énergie électrique effectivement livrée sur le réseau ;
- sur une base annuelle, la composante fixe de puissance représente environ 90 % de la rémunération d'Azito Energie.

1.1.3.4. Les résultats de la restructuration de 1990

Le cadre institutionnel du secteur de l'électricité avant la restructuration de décembre 1998 était caractérisée par les lacunes suivantes :

i. inexistence d'un accord formel entre l'EECI et la CIE, servant de base au contrôle technique par l'EECI du service concédé ;

ii. multiplicité des structures gouvernementales intervenant dans le secteur, en particulier pour le contrôle de la concession, ainsi que pour la planification du développement du secteur (Cabinet du Ministre chargé de l'Energie, DEEN, BNETD, EECI, etc..);

iii. manque de collaboration entre les différentes structures gouvernementales ;

iv. incapacité du FNEE (CAA) à tenir une comptabilité consolidée des ressources du secteur.

1.1.3.5. La restructuration de 1998

Cette nouvelle restructuration s'est traduite par la liquidation de l'EECI, la suppression du Fonds National de l'Energie Electrique (FNEE), du Commissariat du Gouvernement prévue par la loi n° 85-583, ainsi que des nombreux comités ad hoc au sein du secteur de l'électricité (GPE, GSPER, etc..). Trois (3) nouvelles structures sont créées : l'ANARE, la SOGEPE et la SOPIE.

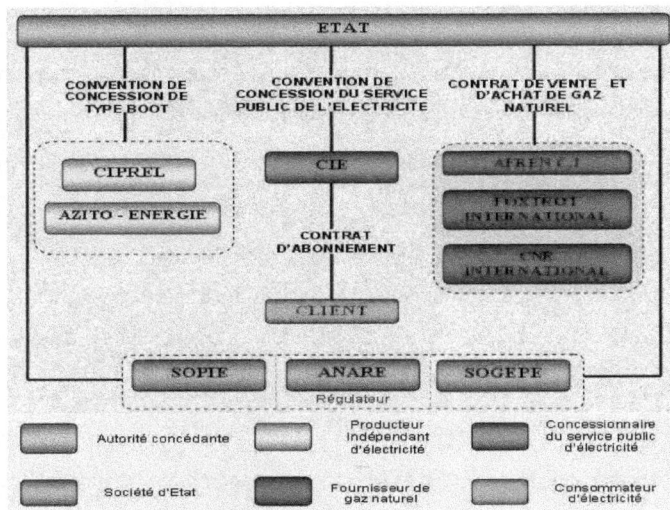

Figure 1. Schéma du cadre institutionnel du secteur électrique ivoirien (2010)[4]

1.1.3.6. Les objectifs de la restructuration de 1998

Ils étaient les suivants :

- restructurer les institutions du secteur de l'électricité pour permettre l'accroissement de la participation du secteur privé, par le développement de la concurrence ;
- mettre en place un cadre réglementaire approprié et renforcer les capacités institutionnelles;
- améliorer la fiabilité de l'alimentation et réduire le coût de l'électricité ;
- décrire les rôles et les responsabilités des structures et institutions qui sont impliquées dans le secteur de l'électricité ;
- permettre un développement réel du secteur de l'électricité et en maximiser l'efficacité.

---

[4] Source : www.anare.ci

22

1.1.3.7. Le renouvellement du contrat de CIE

En Septembre 2005, l'état de Côte d'Ivoire et le GROUPE BOUYGUES ont procédé à la signature d'un accord pour la reconduction de la convention Etat-CIE, assorti d'un avenant à l'ancien contrat.

Les nouvelles dispositions de cet avenant sont les suivantes :

* la mise en place d'un programme d'investissement de plus de 1.000 milliards F CFA à réaliser sur 15 ans pour la maintenance et le développement du patrimoine de production, de transport et de distribution ;
* le programme d'investissement sera supporté par l'instauration d'une redevance à la charge des consommateurs d'électricité ;
* la mise en place de comités techniques paritaires comprenant les représentants de l'Etat et de la CIE (le comité technique flux énergétiques et le comité technique des flux financiers).

1.1.3.8. L'extension du contrat CIPREL

La Convention CIPREL devrait donc venir logiquement à expiration le 8 Août 2013 et la centrale transférée à l'Etat, conformément aux termes initiaux de la Convention CIPREL. Cependant, l'Etat et la CIPREL se sont engagés par un protocole d'accord en date du 1er avril 2008 dans un projet d'extension de la centrale existante, par l'installation d'une cinquième turbine à combustion d'une puissance unitaire de cent onze (111) MW sur site constituant l'Etape 3 de la centrale de CIPREL. L'Avenant n°5 à la Convention CIPREL, qui entérine les termes du protocole d'accord, a été signé le 15 mai 2008. De ce fait, la date d'échéance de la Convention CIPREL a été reportée au 31 Décembre 2020.

1.1.3.9. L'arrivée du nouveau producteur indépendant AGGREKO

En 2010, suite au délestage électrique enregistré par le secteur de l'électricité du fait d'avaries au niveau des centrales thermiques d'AZITO et de VRIDI ainsi que d'un bas niveau de la côte d'eau dans les centrales hydroélectriques, l'Etat s'est engagé dans un contrat de location de groupes thermiques d'appoint avec la société AGGREKO. La puissance totale installée sur le site de VRIDI était de 70MW à partir de groupes de type container alimenté au gaz naturel.

Par la suite, pour respecter ses engagements en matière d'approvisionnement en énergie électrique de sa clientèle nationale et régionale (Burkina Faso, Ghana, Togo, Benin, Mali), la Côte d'Ivoire a procédé à une extension de 30MW de ladite centrale en 2012, la faisant passer d'une puissance installé de 70MW à 100MW.

Par ailleurs, dans le cadre de la planification d'une centrale thermique tampon, la société AGGREKO a aussi obtenu le marché d'installation de groupe thermique d'une puissance totale de 100MW en 2013 suite à un appel d'offre lancé par l'Etat ivoirien.

1.1.3.10. La restructuration de 2011

La SOGEPE et la SOPIE ont été confrontées, surtout ces dernières années, à un manque désespérant de ressources financières et à l'imprévisibilité de leur flux. Cela, a empêché de mener à bien leurs missions en ce qui concerne les investissements dans le secteur de l'électricité. Ainsi, la gestion comptable et financière de ces investissements pour la SOGEPE et la planification de la maîtrise d'œuvre pour la SOPIE n'a nullement été à la hauteur des attentes du secteur.

Pour toutes ces raisons, il a été décidé par le Gouvernement ivoirien, de la fusion de la SOGEPE et la SOPIE. Cette fusion devrait ainsi apporter une solution à certains des problèmes rencontrés mais risque aussi d'en créer d'autres (notamment la fusion dans une même personne morale des fonctions de "maître d'ouvrage" et de "maître d'œuvre").

Cette volonté s'est traduite par la dissolution anticipée des sociétés SOGEPE et SOPIE (*Cf. Annexe 2 : Extrait du JO relatif aux décrets n°2011-470 et n°2011-471 du JO relatif aux décrets n°2011-470 et n°2011-471 du 21 décembre 2011 portant dissolution anticipée des sociétés SOGEPE et SOPIE*) et la création d'une nouvelle société d'Etat dénommée Sociétés des Energies de Côte d'Ivoire (CI-ENERGIES).

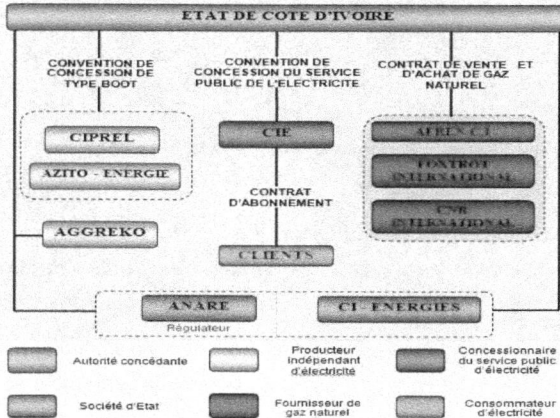

Figure 2. Schéma du nouveau cadre institutionnel du secteur électrique ivoirien (2012)[5]

1.1.3.11. Conclusion sur le cadre institutionnel

Le cadre légal et institutionnel relatif au secteur de l'électricité s'avère inadapté aux changements mis en place depuis 1990. En effet, elle ne permet pas à l'ANARE, de passer à la phase opérationnelle, de rester indépendante et de s'impliquer à fond dans son rôle de Régulateur National. Elle ne permet pas non plus à la SOGEPE de s'investir de façon plus volontariste à la mobilisation de capitaux nécessaires au développement du secteur. La planification régulièrement réalisée par la SOPIE n'a pas pu être mise en œuvre par défaut de financement.

Les structures étatiques budgétivores (environ 7,3 milliards F.CFA en moyenne avec un pic de 9,5 en 2010 pour leur fonctionnement), se retrouvent très souvent en situation conflictuelle dans l'exécution de leurs activités. En conséquence, le contrôle technique et financier dans le secteur n'a pas été efficace.

---

[5] Source : www.anare.ci

25

Face aux chevauchements des responsabilités, les structures étatiques du secteur ivoirien de l'électricité ont contribué à la dilution de leurs responsabilités par une gestion communautaire des dossiers.

FORCES	FAIBLESSES
1. Partenariat public/ privé ; 2. Personnel qualifié et expérimenté (mais en quantité insuffisante) ; 3. Stabilité du cadre institutionnel face à un environnement instable ; 4. Crédibilité de la signature de l'Etat auprès des investisseurs privés.	1. Chevauchements dans l'exécution des missions des structures ; 2. Inadaptation de la loi N°85-583 du 29 juillet 1985 ; 3. Insuffisance du contrôle de l'Etat sur le domaine concédé ; 4. Absence de document de politique énergétique approuvé ; 5. Insuffisance des pouvoirs du régulateur ; 6. Retard dans le renouvellement du personnel (plus de 50% des cadres à la retraite dans 5 ans maximum) ; 7. Rupture de compétence liée à une absence de politique volontariste de formation.

Tableau 2. Résumé Forces/Faiblesses du cadre institutionnel du secteur de l'électricité

I.2. MARCHE DU SECTEUR DE L'ELECTRICITE EN CÔTE D'IVOIRE

1.2.1. Parc de production[6]

Il s'est développé à travers la mise en service de centrales de production thermique et hydraulique. En 2010, la production brute sur le réseau interconnecté était de 5.876,7 GWh. Près de 72% de cette production électrique

---

[6] Source : Côte d'Ivoire_Plan stratégique de développement 2011-2030, Tome 3 : Electricité & Energies nouvelles_Octobre 2011

était à base d'énergies fossiles (gaz naturel, HVO, DDO) et seulement 24% à base d'énergies renouvelables (hydraulicité).

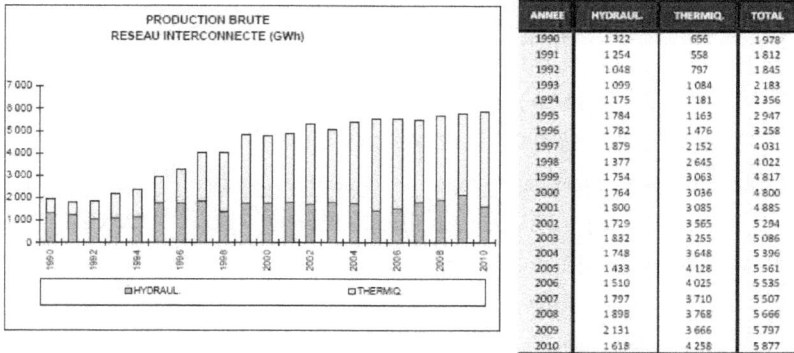

ANNEE	HYDRAUL.	THERMIQ.	TOTAL
1990	1 322	656	1 978
1991	1 254	558	1 812
1992	1 048	797	1 845
1993	1 099	1 084	2 183
1994	1 175	1 181	2 356
1995	1 784	1 163	2 947
1996	1 782	1 476	3 258
1997	1 879	2 152	4 031
1998	1 377	2 645	4 022
1999	1 754	3 063	4 817
2000	1 764	3 036	4 800
2001	1 800	3 085	4 885
2002	1 729	3 565	5 294
2003	1 832	3 255	5 086
2004	1 748	3 648	5 396
2005	1 433	4 128	5 561
2006	1 510	4 025	5 535
2007	1 797	3 710	5 507
2008	1 898	3 768	5 666
2009	2 131	3 666	5 797
2010	1 618	4 258	5 877

Figure 3. Production électrique brute en GWh (1990-2010)

Au niveau de la capacité installée totale du réseau interconnecté, on enregistre ratio de 54% de puissance thermique installée par rapport à 44% de puissance hydraulique installée en 2010 pour un total de près de 1.393 MW de capacité installée en Côte d'Ivoire (*Cf. Annexe 3 : Marché du secteur de l'électricité en Côte d'Ivoire*).

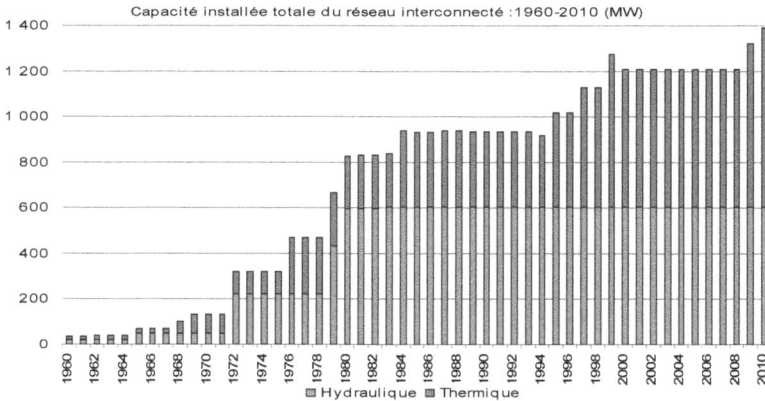

Figure 4. Capacité installée totale en MW (1960-2010)

27

L'évolution du parc de production montre les grandes étapes suivantes :

- de 1960 à 1985 : un renforcement constant par paliers de 4 ans environ ;
- de 1985 à 1994 : une stagnation de la capacité installée qui s'explique par une absence d'investissement ;
- de 1995 à 2000, la reprise des investissements avec l'avènement des IPP; CIPREL 1 (3 x 33 MW) en 1995, CIPREL 2 (1 x 111 MW) en 1997, AZITO 1 (1 x 148 MW) en 1999 et AZITO 2 (1 x 148 MW) en 2000, a permis au secteur de satisfaire la demande et devenir exportateur d'énergie vers le Burkina Faso, le Ghana et la CEB (Bénin, Togo).
- en 2000, le démantèlement des turbines à vapeur (2 x 32 MW + 2 x 75 MW) de la centrale de VRIDI ;
- de 2001 à 2009, aucun investissement en moyens de production n'a été réalisé par le secteur de l'électricité malgré la forte croissance de la demande en raison des crises politico-militaires que connait le pays ;
- en décembre 2009, la mise en service de la cinquième turbine à combustion de la centrale CIPREL 3 (1 x 111 MW), légèrement par anticipation, afin d'atténuer les effets de l'insuffisance de la capacité de production due à un incident sur un des groupes de la centrale AZITO (150 MW). La puissance installée de la centrale CIPREL a ainsi été portée à 321 MW ;
- dans le même courant en 2010, l'Etat s'engage dans un contrat de location de groupes thermiques d'appoint avec la société AGGREKO (70 x 1 MW).

1.2.2. Bilan offre-demande d'électricité de 2001 à 2010

CÔTE D'IVOIRE : BILAN OFFRE - DEMANDE EN ELECTRICITE (GWh)										
	2001	*2002*	*2003*	*2004*	*2005*	*2006*	*2007*	*2008*	*2009*	*2010*
Production thermique	*3085*	*3565*	*3255*	*3648*	*4128*	*4025*	*3710*	*3768*	*3666*	*4258*
Production hydroélectrique	*1800*	*1729*	*1832*	*1748*	*1433*	*1510*	*1797*	*1898*	*2131*	*1618*
Production brute	*4885*	*5294*	*5086*	*5396*	*5561*	*5535*	*5507*	*5666*	*5797*	*5877*
Taux de croissance	*1,8%*	*8,4%*	*-3,9%*	*6,1%*	*3,1%*	*-0,5%*	*-0,5%*	*2,9%*	*2,3%*	*1,4%*
Demande nationale	*3736*	*3733*	*3738*	*3989*	*4136*	*4473*	*4739*	*5078*	*5315*	*5550*
Taux de croissance	*4,9%*	*-0,1%*	*0,1%*	*6,7%*	*3,7%*	*8,1%*	*5,9%*	*7,2%*	*4,8%*	*4,4%*
Exportations vers Ghana, Togo, Benin, Burkina Faso	*1156*	*1565*	*1327*	*1409*	*1397*	*1066*	*772*	*599*	*484*	*340*

Tableau 3. Bilan offre-demande d'électricité en GWh (2001-2010)

1.2.3. Marché sous-régional et échanges[7]

Les échanges d'énergie se font dans un cadre réglementaire relatif à la politique énergétique de la CEDEAO et à la mise en place d'un système d'échange d'énergie électrique ouest africain (EEEOA/WAPP).

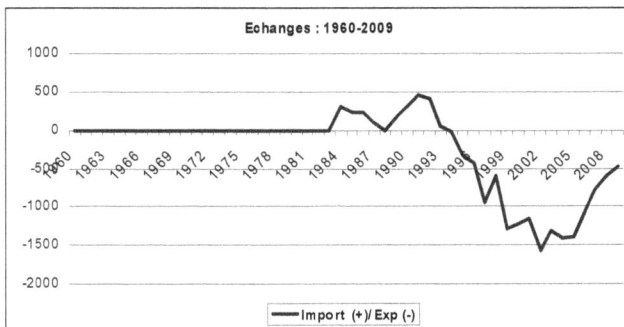

Figure 5. Evolution des échanges d'énergie entre Côte d'Ivoire et la Sous-région en GWh (1960-2010)

---

[7] MMPE, Plan stratégique de développement 2011-2030, Tome 3 : Electricité & Energies nouvelles, Octobre 2011.

- Les échanges d'énergie avec le Ghana ont permis de réduire l'impact de la rupture de l'équilibre offre demande en Côte d'Ivoire. L'interconnexion des réseaux électriques des deux pays a été anticipée pour faire face au grave déficit d'énergie du secteur ivoirien de l'électricité suite à la sècheresse exceptionnelle qui a réduit la puissance hydroélectrique. On distingue les grandes périodes suivantes :

  o à partir de **1983**, la Côte d'Ivoire importe de l'énergie du Ghana. Les volumes d'énergie importée atteignent leur niveau pic de 310 GWh en 1984, en raison du délestage. Ce niveau est pratiquement identique en 1990, soit 308 GWh.

  o de **1990** à **1993**, la Côte d'Ivoire est importatrice d'énergie. Ses importations passent de 453 GWh en 1991 à 59 GWh en 1993, soit une tendance régulière vers la dépendance énergétique.

  o de **1994** à **2010** la Côte d'Ivoire est exportatrice nette d'énergie. Ses exportations passent de 14 GWh en 1994 à 483,9 GWh en 2010. Ces résultats sont à mettre à l'actif du partenariat public-privé qui a permis à la Côte d'Ivoire de disposer de centrales thermiques de Producteurs Privés Indépendants (IPP) et de renforcer son parc de production.

  o en **2010**, malgré la mise en œuvre des mesures de réduction de déficit de production, le rationnement de la consommation d'électricité a été évalué à fin mai 2010 à 191 GWh pour l'ensemble du système électrique. Cette importante quantité d'énergie non fournie à la clientèle a impacté la consommation brute nationale de l'année 2010.

- SONABEL (Burkina Faso): le contrat de livraison d'énergie à la régie SONABEL n'a pu être entièrement honoré en période de délestage. La question de l'actualisation du contrat d'achat et de vente d'énergie avec un coût de cession a été évoquée et les échanges d'énergie entre les pays ont évolué du fait de la mise en service en 2011 de la ligne 225kV Ouagadougou - Bobo-Dioulasso.

- EDM (Mali) : Les travaux de construction de la ligne d'interconnexion 225kV Ferkessédougou – Sikasso ont connu un retard important et n'ont redémarré qu'en décembre 2010 à la suite au début de paiement des indemnisations qui s'élevaient 28,4 millions de FCFA aux populations impactées par le projet. Cette ligne est en exploitation depuis novembre 2012.

CHAPITRE II : ENERGIES RENOUVELABLES ET CADRE INSTITUTIONNEL ET REGLEMENTAIRE

II.1. SITUATION DES ENERGIES RENOUVELABLES[8] (Hormis l'hydro-électricité)

2.1.1. Energie solaire[9]

La contribution de l'énergie solaire est encore bien au dessous du potentiel que lui apporte un bon ensoleillement moyen de 6 heures par jour avec 4-5 kWh/m^2/jour. Seuls quelques projets pilotes isolés ont été développés par le secteur privé ou des ONG destinés à des écoles, des cliniques ou quelques résidences isolées.

Dans les années 80, la Côte d'Ivoire, a initié quelques projets pilotes sur l'électrification au solaire qui sont restés sans suite faute de suivi. Dans le domaine des télécommunications, certains projets restent fonctionnels.

En 1995, un vaste programme de pré-électrification par le solaire photovoltaïque portant sur 105 localités a été initié mais n'a pu être mis en œuvre du fait du conflit armé survenu en 2002. Néanmoins cette crise n'a pas totalement stoppé les initiatives du gouvernement en matière d'accès aux services énergétiques par des systèmes solaires photovoltaïques. Ainsi les infrastructures suivantes ont pu être réalisées :

- l'éclairage du centre polyvalent de Boyaokro (Béoumi) en novembre 2001 avec une puissance de 129Wc ;
- l'éclairage de la cantine scolaire de l'école primaire publique, de maisons et l'installation d'une pompe solaire de Thomasset (Agboville) entre 2003 et 2006 avec une puissance totale de 3.590Wc ;
- l'éclairage public et l'électrification des infrastructures communautaires de base de Gligbeuadji (San-Pedro) en 2009.

---

[8] Source : Côte d'Ivoire_Plan stratégique de développement 2011-2030, Tome 3 : Electricité & Energies nouvelles_Octobre 2011
[9] Source : Direction de l'Énergie, Politique énergétique, Abidjan Côte d'Ivoire, Draft 1B, Janvier 2006

Au 31 décembre 2010, plusieurs activités ont été engagées :

- Projet-pilote d'électrification des villages de Gligbeuadji, de Debo1, de Dedegeu et de Detroya par système solaire photovoltaïque. La première phase de ce projet a été réalisée. Ainsi vingt (20) lampadaires solaires ont été installés à Gligbeuadji et l'électrification des infrastructures de base est en cours. Le marché pour la réalisation de la deuxième phase qui concerne Debo1 a été passé en 2010. La troisième phase a été soumise au Programme d'Investissement Public (PIP) au titre de l'année 2011.

- Projet de promotion des énergies renouvelables pour les mini-réseaux décentralisés en milieu rural pour le développement d'activités génératrices de revenus. Ce projet consiste à électrifier par mini centrales solaires photovoltaïques, cinq (5) localités rurales éloignées du réseau électrique national. Il est cofinancé par l'Etat de Côte d'Ivoire et le Fonds pour l'Environnement Mondial (FEM) et l'agence d'exécution est l'Organisation des Nations Unies pour le Développement Industriel (ONUDI). Il est à la phase de préparation. Des missions se sont rendues sur le terrain en juillet-août 2010 pour effectuer l'enquête préliminaire qui permettra de déterminer les localités à électrifier. Le PIP 2011 prendra en compte la part de financement de l'Etat de Côte d'Ivoire si le FEM signe la convention de financement.

- Projets d'électrification par système photovoltaïque à financement extérieur
  o *Projet pilote d'électrification de quatre (4) localités*

C'est un projet qui a été conçu avec un consortium italien qui manifeste son désir d'investir en Côte d'Ivoire dans le domaine de l'énergie solaire. Ce projet permettra de dégager les axes d'une future collaboration entre l'Etat et ce Consortium italien.

Une délégation italienne s'est rendue en Côte d'Ivoire dans le mois de mai 2010 pour une visite des sites. Une offre a été soumise pour examen à la partie ivoirienne en octobre 2010.

o   *Projets soumis au Gouvernement Espagnol*

Ce sont :

– le projet d'électrification rurale par microcentrales solaires photovoltaïques ;

– le projet d'électrification rurale par kits solaires individuels.

Ces projets bénéficient d'un don d'un montant de 9,5M€ (environ 4,5 milliards Fcfa). La délégation espagnole est attendue pour discuter des modalités d'utilisation de ce don en vue de l'exécution des différents projets.

2.1.2.   Energie éolienne

Le potentiel d'énergie éolienne en Côte d'Ivoire est mal évalué. En zone côtière, à Korhogo et à Bouake, des vents de 20 à 40 % de fréquence et des vitesses de 4 à 6m/s peuvent justifier quelques projets pilotes pour en étudier la viabilité et la multiplication, par effet de démonstration.

Quelques éoliennes destinées au pompage ont fait l'objet de projet notamment à Touba et à Korhogo où une éolienne, don de la société argentine FIASA, fut installée en février 1986 sur un forage de 85 m de profondeur.

2.1.3.   Biomasse

La valorisation de la biomasse (résidus végétaux et agro-industriels) est essentiellement du fait des scieries et des industries agro-alimentaires pour leurs propres besoins en chaleur et en électricité. La Côte d'Ivoire dispose de ressources abondantes en biomasse. Le potentiel de résidus est estimé à 6 MTEP, dont seulement 5% sont actuellement transformés.

Il existait, au cours de la période allant de 1960 à 1990, déjà en Côte d'Ivoire plusieurs auto-producteurs d'électricité utilisant les résidus agroindustriels :

- SODESUCRE : 4 sucreries brûlant la bagasse (50 MW) ;
- PALMINDUSTRIE : huileries brûlant les fibres et coques de palme (25 MW)
- TRITURAF : 1 huilerie brûlant les coques de graine de coton (2 MW) ;
- THANRY : 1 scierie brûlant les déchets massifs (1,5 MW) ;
- SICOR : 1 usine de coco râpé brûlant les bourres et coques (1 MW).

La politique de valorisation des résidus végétaux et agro-industriels à des fins énergétiques a été une des principales recommandations du Symposium international sur la biomasse énergie tenu à Abidjan (Côte d'Ivoire), les 09 et 10 novembre 1992. A la suite de cette importante rencontre, un projet du Fond Mondial de l'Environnement (FME) de la Banque Mondiale a été initié pour favoriser la production d'électricité à partir de la biomasse.

Ce projet visait :

– d'une part, la mise en place d'un cadre institutionnel et réglementaire devant permettre aux auto-producteurs des scieries et des industries agroalimentaires notamment, de vendre le surplus de leur production à l'Etat

– et d'autre part d'attirer les investissements pour la production indépendante de ce type d'électricité.

Selon certaines expériences avec la biomasse, le coût de production du kWh serait très compétitif (12 à 15 FCFA le kWh), là où le coût moyen du kWh produit par les groupes électrogènes se situent entre 100 et 150 FCFA (2010).

2.1.4. Biogaz

La technologie du biogaz n'est pas encore développée en Côte d'Ivoire. Les unités qui ont été installées pour la production de biogaz sont généralement expérimentales. Ce sont :

- trois (3) digesteurs industriels d'une capacité de 2.100 m³ ont été installés dont un (1) à Toumodi pour la Société Ivoirienne de Technologie Tropicale (I2T) et deux (2) à Ferkessédougou pour le Complexe d'Exploitation Industrielle de Bétail (CEIB) ;

- un (1) digesteur à Sebovia (Ferkessédougou) ;

- cinq (5) unités de biogaz d'une capacité de l'ordre de 15 m³ chacune construites pour des écoles primaires équipées de cantines scolaires dans le Nord de la Côte d'Ivoire au profit de près de 1.000 élèves.

Par ailleurs, des opérateurs privés (Groupe EOULEE, ADERCI) ont entamé depuis quelques années des démarches administratives pour l'exploitation du potentiel méthanique contenu dans l'unique décharge d'ordures de la ville d'Abidjan, appelée décharge d'Akouédo.

II.2. CADRE REGLEMENTAIRE ET INSTITUTIONNEL DES ENERGIES RENOUVELABLES

2.2.1. Procédure actuelle d'instruction des projets de production d'électricité à partir des énergies renouvelables

Une procédure d'instruction proposée par la Direction des Energies Nouvelles et Renouvelables (DENR) est en vigueur depuis plusieurs années. Celle-ci n'est pas encore validée par le Ministère de Mines, du Pétrole et de l'Energie mais elle est appliquée aux promoteurs ayant déjà manifesté leur intérêt. La politique de l'énergie étant en cours de validation, elle prend en compte les questions liées à l'intégration réelle des énergies renouvelables dans le mix énergétique en Côte d'Ivoire.

Cette procédure se résume en 04 étapes principales.

1. Présentation du Promoteur et du projet

Actions à mener :

- Séance de présentation du projet à la DENR par le promoteur ;
- Transmission des documents de présentation du projet à la SOPIE, l'ANARE, et la SOGEPE pour information.

Acteurs : Promoteur, DENR.

Documents : Document d'avant-projet.

2. Signature d'un protocole d'accord

Actions à mener :

- Rédaction d'un projet de protocole d'accord par le DENR ;
- Transmission du projet de protocole d'accord à la SOPIE, l'ANARE, et la SOGEPE pour observations ;

- Transmission du projet de protocole d'accord au Promoteur pour observations ;
- Transmission du projet de protocole d'accord finalisé au Ministre des Mines, du Pétrole et de l'Energie pour signature ;
- Transmission du projet de protocole d'accord finalisé au Promoteur pour signature.

Acteurs : Promoteur, DENR, DGE, SOPIE, ANARE, SOGEPE, Cabinet du Ministre.

Documents : Protocole d'accord.

3. Transmission des documents d'études au Comité Technique du secteur de l'électricité

Actions à mener :
- Transmission des dossiers d'études techniques, financières et juridiques ;
- Transmission de l'étude d'impact environnemental et social.

Acteurs : Promoteur.

Documents : Offres techniques et financières, étude d'impact environnemental et social.

4. Discussion avec le Comité Technique du secteur de l'électricité

Actions à mener :
- Analyse des offres ;
- Prise de décret confirmant le statut du Promoteur de projet ;
- Signature de la convention de concession (licence d'exploitation) ;
- Négociation du contrat d'achat/vente d'électricité (Power Purchase Agreement).

Acteurs : Promoteur, Comité Technique, Cabinet du Ministre.

Documents : Décret confirmant le statut du Promoteur, Convention de concession, Contrat d'achat/vente d'électricité.

2.2.2. *Bilan de l'utilisation des sources d'énergie renouvelable*

Il ressort des études menées par la Direction Générale de l'Energie que la part des énergies renouvelables hormis l'hydro-électricité (solaire, éolienne, biomasse, etc.) dans la production d'électricité est très faible voire quasiment inexistante. Ce qui prive le secteur d'une composante essentielle de son mix énergétique notamment dans le cadre d'une gestion durable de l'environnement.

Une des causes mise en évidence est que le cadre institutionnel du secteur de l'électricité n'est pas véritablement axé sur le développement de l'électrification décentralisée, outil de vulgarisation des énergies alternatives. Le secteur électrique ivoirien a tendance à négliger cette forme d'énergie notamment à cause de son caractère diffus et du faible niveau de puissance générée … sans oublier le lobby des producteurs de produits pétroliers.

FORCES	FAIBLESSES
▪ Bon ensoleillement du territoire ivoirien estimé à environ 5 à 6 kWh/m²/jour (échelle comprise entre 3 à 7,5kWh/m²/jour) ▪ Abondance des résidus agricoles et agro-industriels et des déchets ménagers (plus de 12 000 000 tonnes/an toutes sources confondues) ▪ Bonne hydrographie pour le développement des petits aménagements hydroélectriques	▪ Absence de cadre institutionnel et réglementaire ; ▪ Absence de stratégies et politiques de développement des Energies Nouvelles et Renouvelables (ENR)

Tableau 4. Forces et faiblesses de l'axe stratégique "Développement des énergies alternatives"

Avec la nouvelle vision à la sortie de la crise polito-militaire, le plan stratégique du gouvernement ivoirien pour la promotion de l'énergie durable par le développement des sources d'énergies renouvelables se décline par les objectifs suivants :

- évaluer le gisement national des sources d'énergie renouvelable ;
- valoriser les déchets municipaux et les résidus agro-industriels ;
- réaliser des projets d'électrification décentralisée à partir de l'énergie solaire (éclairage public, électrification rurale) ;
- développer le potentiel hydroélectrique (études de faisabilité de sites potentiels).

2.2.3. *Initiative du Séminaire National sur l'Energie édition 2012*

2.2.3.1. Contexte et justification

Le développement économique que vient d'amorcer la Côte d'Ivoire, nécessitera que le secteur de l'énergie puisse mettre à la disposition des principaux secteurs d'activités, une énergie abondante, de qualité et bon marché.

C'est donc pour répondre à ces nouveaux défis, que le Ministère des Mines du Pétrole et de l'Energie a organisé le Séminaire National de l'Energie édition 2012 (SNE 2012) du 15 au 17 décembre 2012 à Yamoussoukro en Côte d'Ivoire. Ce séminaire visait à actualiser le document de stratégie de développement 2011-2030 issue du séminaire organisé en 2011 et à prendre en compte les difficultés qui entravent encore le développement harmonieux du secteur de l'énergie.

En outre, il permettra de faire le bilan de la mise en œuvre de plans existants et d'élaborer des plans d'actions et d'investissement pour les périodes 2012-2015, 2016-2020, 2021-2030.

2.2.3.2. Missions de la Commission Energies Renouvelables

Les missions assignées à la Commission Energies Renouvelables, lors dudit séminaire, étaient les suivants :

- identifier les projets en énergies renouvelables au regard des besoins, des engagements politiques et des engagements internationaux ;
- actualiser les projets en énergies renouvelables en cours et analyser l'opportunité des projets non-encore réalisés ;
- définir les priorités en fonction de critères pertinents (les obligations contractuelles, l'urgence, impacts financiers ou social et économique, les coûts de mise œuvre, le type et la source du financement, les projets PPP, etc.) ;
- élaborer le programme d'investissement sur le court, moyen et long terme en tenant compte des ressources financières de secteur de l'énergie et de l'Etat ;
- identifier les risques et le cadre de mise en œuvre et de suivi/évaluation des projets en énergies renouvelables.

2.2.3.3. Résultats communiqués par la Commission Energies Renouvelables

A la restitution des travaux, les résultats présentés par la Commission Energies Renouvelables, sont ci-après detaillés :

Bilan des actions du SNE 2011

- Etat d'avancement :
  - o Etude d'évaluation du potentiel du gisement des énergies renouvelables : TDR élaboré, recherche de financement en cours (requête au PIP 2013) ;
  - o Cadre institutionnel global (Energie conventionnelle et EnR) soumis au Secrétariat du Gouvernement (Cf. décret d'application de l'article 61 du Code de l'Environnement et une loi exclusivement dédiée aux EnR) ;
  - o Projets envisagés par les promoteurs privés : étapes diverses, pas de mise en œuvre ;
  - o Projet pilote ER PV de 04 localités : réalisation partielle, marchés passés ;
  - o Projet de diffusion de lampes basse consommation : phase pilote réalisée avec succès ;
  - o Audit énergétique dans les bâtiments publics : marchés passés et exécutés.

- Difficultés rencontrées
  - Insuffisance de cadre institutionnel et réglementaire pour les EnR ;
  - Manque de coordination et de collaboration interministérielle ;
  - Administration : contraintes administratives, limitation budgétaire et retard dans les décaissements ;
  - Privés : difficultés pour la mobilisation de fonds et le bouclage de financement.

Actualisation des besoins

- Engagements internationaux et régionaux
  - Adhésion à la déclaration du Secrétaire Général des Nations Unies en novembre 2011 relative à l'énergie durable pour tous ;
  - Les politiques régionales de la CEDEAO à travers le Livre Blanc et les documents de politiques des énergies renouvelables et de l'efficacité énergétique (ECREEE) ;
  - La politique énergétique de l'UEMOA avec les accords de Nairobi en 2010.

- Engagements nationaux (politique directe et indirect)
  - Projet en phase de protocole d'accord : production d'électricité via les rejets de palmiers avec BIOKALA (2 x 20MW) ;
  - Projets en phase de collaboration : production d'électricité à partir du méthane produit par les ordures ménagères pour SITRADE, ADERCI et Groupe EOULEE (décharge d'Akouedo), champ PV avec TD Continental ;
  - Adoption du projet ENERCAP de lampes solaires à LED remplaçant les lampes à pétrole en milieu rural.

Stratégie de développement

La priorité donnée aux différents projets selon les critères de l'importance du potentiel énergétique et des coûts de mise œuvre est ci-dessous présentée :

- Micro-hydroélectricité
  - o Choix de site par des études de faisabilité ;
  - o Mini réseau (population avoisinante) ou réseau interconnecté.
- Biomasse
  - o Choix de site par des études de faisabilité ;
  - o Mini réseau (population avoisinante) ou réseau interconnecté.
- Solaire
  - o Hybridation des 67 centrales au solaire photovoltaïque ;
  - o Construction de centrales PV raccordées au réseau interconnecté et aux mini-réseaux ;
  - o Equipement des infrastructures de base et la vulgarisation des kits solaires.
- Eolien : Projets à définir selon les données techniques disponibles.

Plan d'action à l'horizon 2030

Les objectifs fixés par le MMPE au niveau de la part des énergies renouvelables (hormis l'hydro-électricité) dans le mix énergétique de la production électrique en Côte d'Ivoire, sont les suivants :

- 7% en 2015 (court terme) ;
- 21,6% en 2020 (moyen terme) ;
- 19% en 2030 (long terme).

Recommandations

N°	Recommandations	Echéances
1	Traduire en actes la volonté politique affichée de faire des Énergies renouvelables et la maitrise de l'énergie une priorité nationale, en:	
	▪ Prenant un décret d'application de l'article 61 de la loi N°96-766 du 03 octobre 1996 portant code de l'Environnement	2013
	▪ Proposant une loi spécifique sur les énergies renouvelables, EE et biocarburants	2013
	▪ Définissant une politique d'incitation en matière d'investissements dans les EnR et l'efficacité énergétique (EE)	2013
2	Elaborer à partir du potentiel à évaluer un Plan directeur EnR et EE	2013-2014
3	Créer un fonds national EnR et changements climatiques	2013
4	Créer une synergie entre le Gouvernement, les institutions financières et les parties prenantes travaillant dans le secteur des énergies renouvelables et de la maîtrise de l'énergie et favoriser la recherche et le développement en EnR et EE	Immédiat
5	Positionner la Côte d'Ivoire à l'internationale en matière d'EnR et EE, par le renforcement de la coopération international et le renforcement des capacités des acteurs	-

Tableau 5. Recommandations de la Commission Energies Renouvelables au SNE 2012

Ces recommandations ne sont que provisoires, le MMPE se chargera de rédiger le rapport final du SNE 2012 qui comprendra les dispositions finales retenues.

CHAPITRE III : PROPOSITIONS POUR L'ELABORATION D'UN CADRE INSTITUTIONNEL ET REGLEMENTAIRE DES ENERGIES RENOUVELABLES

En considération des échanges d'informations opérés lors du SNE 2012 (auquel nous avons participé) et de la lecture des différentes études déjà réalisées sur le sujet du cadre institutionnel et réglementaire des énergies renouvelables en Côte d'Ivoire, notamment celle financée par la Banque que Mondiale dans le cadre du projet PURE[10], nous pouvons proposer dans les pages suivantes un canevas de mise en place d'un cadre institutionnel et réglementaire.

Le cadre institutionnel envisagé devrait aider à développer trois notions essentielles au développement durable :

* la notion « consommer propre » qui ramène à l'utilisation des énergies renouvelables, c'est-à-dire des énergies non fossiles qui permettent de mieux lutter contre le réchauffement climatique ;
* la notion « consommer moins » qui ramène à la conservation ou la maitrise énergétique, c'est réaliser des économies d'énergie en luttant contre le gaspillage. Cette notion renvoie à un changement de comportement de l'utilisateur ;
* la notion « consommer mieux » qui est l'efficience énergétique. C'est l'adoption des nouvelles technologies ou de nouveau système permettant à l'utilisateur final de disposer du même service énergétique tout en consommant moins d'énergie.

Le cadre institutionnel envisagé devrait être transversal c'est-à-dire intégrer tous les sous-secteurs de l'énergie. Sa mise en œuvre devrait être basée sur un partenariat réel entre le Public (l'Etat) et le Privé (les entreprises) avec un impact réel sur les populations. Le cadre règlementaire et juridique devrait couvrir tous les secteurs d'activité utilisant le plus d'énergie. L'acteur principal

---

[10] **Zahalo SILUE,** Rapport de l'étude générale : Etude pour l'élaboration d'un cadre institutionnel et des projets sectoriels pilotes dans le domaine de l'efficacité énergétique pour la Côte d'Ivoire, PURE-Don IDA N° H 4830 – CI, Juin 2010

en charge de son animation devrait être une structure autonome dont l'ensemble des activités devrait être financé par plusieurs modes de financement assez innovants et adaptés.

III.1. CADRE REGLEMENTAIRE

L'armature règlementaire du cadre institutionnel envisagé devrait être formée par les principaux textes énumérés ci-après. A partir de cette armature devrait s'édifier toute la réglementation avec des arrêtés ou des ordonnances (voir des décrets) qui ne devraient être autres que des textes d'application ou d'orientation des décisions politiques :

- Un décret portant création d'une agence ou d'une société opérationnelle de mise en œuvre de la politique nationale des énergies renouvelables et de l'efficacité énergétique. Ce décret devrait préciser la forme juridique, c'est-à-dire un EPIC (un Etablissement Public à Caractère Industriel et Commercial) et le champ d'action de l'agence/société.

- Un décret portant sur la mise en place d'un fonds de l'énergie et précisant ces principales ressources et les grandes lignes de son mode de gestion.

- Un décret portant sur le développement des énergies renouvelables sur l'ensemble du territoire (biomasse, solaire, éolienne etc.). Ce décret devrait préciser également les acteurs (Etat, IPP, Auto-producteurs, etc.).

- Un décret portant sur le développement et la commercialisation des biocarburants. Ce décret devrait préciser l'origine des biocarburants autorisés ainsi que les mesures et les normes accompagnant le développement et l'utilisation des biocarburants.

- Un décret précisant les conditions d'accès aux réseaux électriques pour les auto- producteurs des énergies renouvelables. Il devrait préciser également la tarification applicable aux auto-producteurs pour la livraison de leur production sur les réseaux.

- Un décret portant sur l'instauration de norme de performance énergétique des appareils électroménager. Ce décret devrait également autoriser l'étiquetage de ces appareils électroménagers tels que les réfrigérateurs, les climatiseurs et les lampes.

L'administration décentralisée (Conseils Régionaux) comme les communes devraient incorporer les questions des énergies renouvelables dans leurs principales politiques sectorielles publiques (alimentation électrique à partir de centrales PV, gestion des décharges publiques, gestion des déchets industriels, etc.). Les décisions d'investissement d'infrastructures devraient incorporer la hausse future des prix de l'énergie et les contraintes sur les émissions de CO_2.

III.2. ACTEUR PRINCIPAL

La fonction d'acteur principal devrait être assurée par un Etablissement Public à Caractère Industriel et Commercial (EPIC) avec une certaine autonomie. L'EPIC envisagé devrait être placé sous la tutelle du Ministère en charge de l'Energie.

La figure ci-dessous résume la mission de l'EPIC par les principales interactions entre toutes les parties prenantes au processus de développement des énergies renouvelables et de l'efficacité énergétique.

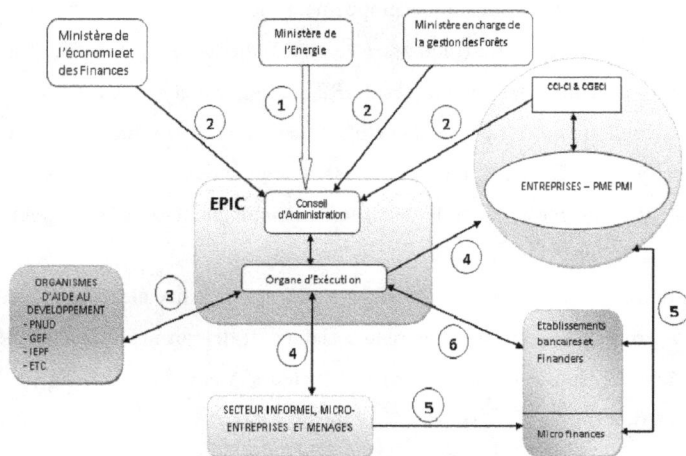

Figure 6. Les parties prenantes au développement des EnR/EE

Le Conseil d'Administration (CA) devrait être l'organe suprême de l'EPIC. Le CA envisagé devrait refléter le partenariat entre le Public et le Privé. Il devrait être composé de membres issus du ministère en charge de l'énergie, du ministère en charge de l'économie et des finances, du ministère en charge de la gestion des forêts (la forêt représente plus de 80% de la ressource du sous-secteur biomasse) et du secteur privé (la Chambre de Commerce et d'Industrie de Côte d'Ivoire et la Confédération Générale des Entreprises de Côte d'Ivoire).

L'organe d'exécution aurait en charge l'animation de l'EPIC, à cet effet cet organe devrait avoir des interactions avec l'extérieur notamment :

- Les organismes d'aide au développement tels que le PNUD, le GEF ou tout autre organisme. La mission principale de cette interaction schématisée au point n°3 devrait être essentiellement la recherche de financement.
- Le monde de l'entreprenariat composé des entreprises formelles (grandes entreprises, PME/PMI), le secteur informel, la micro-entreprise, les artisans, les tâcherons et les ménages. La mission principale de cette interaction schématisée au point n°4 devrait être la promotion des EnR/EE, et d'aider ces opérateurs privés à satisfaire au mieux leur besoin à l'aide d'études et d'audits.
- Les établissements bancaires et financiers ainsi que le secteur de la micro-finance. Schématisée au point n° 5, la mission de cette interaction devrait être d'établir un partenariat avec certains de ces établissements pour le financement des projets des EnR/EE notamment ceux initiés par les opérateurs privés. Le fonds de l'énergie envisagé servirait de fonds de garantie au crédit spécifique.
- L'interaction entre les opérateurs privés et le secteur bancaire schématisée au point n°6 aurait pour mission le financement des projets rentables. Pour éviter la distorsion au niveau des crédits spécifiques mis en place dans certaines banques et établissements de micro-finance, l'organe d'exécution devrait valider toute étude ou projet avant soumission au financement.

III.3.   MECANISME DE FINANCEMENT

Les énergies renouvelables représentent un enjeu majeur pour le développement social, le développement économique et le respect de l'environnemental. La pérennisation des EnR en Côte d'Ivoire passe par la mise en place d'un mécanisme de financement qui doit assurer l'autonomie de fonctionnement des organismes et instruments du cadre institutionnel ainsi que l'accès facile des opérateurs économiques que sont les entreprises, les PME/PMI et le secteur informel. Le mécanisme de financement proposé est décrit dans les paragraphes suivants.

3.3.1. Fonds de l'énergie

3.3.1.1   Ressources du Fonds de l'Energie

Un fonds spécial – fonds de l'énergie devra être institué. Le fonds de l'énergie sera dédié au développement des EnR et de l'EE. Ce fonds devrait servir également de fonds de garantie pour diminuer les risques et donc les taux d'intérêt pour les prêts servant au financement des projets de l'EE et des EnR. Ce fonds pourra être alimenté par :

- les taxes prélevées dans la vente des produits pétroliers;
- les taxes prélevées sur la vente de l'électricité ;
- la contribution des entreprises privées de Côte d'Ivoire à travers la Chambre de Commerce et d'Industrie (CCI-CI) et la Confédération Générale des Entreprises de Côte d'Ivoire (CGECI) ;
- l'ensemble des prestations facturées de l'EPIC ;
- les subventions et donations des organismes d'aide au développement.

3.3.1.2   Gestion du Fonds de l'Energie

Le fonds de l'énergie envisagé devrait être logé dans un ou plusieurs comptes à la banque nationale en charge des investissements. Ce fonds devrait être destiné à trois emplois distingues :

- la garantie de la ligne de crédit spéciale envisagée dans certains établissements bancaires et de micro-finance.
- l'investissement dans certains projets de développement des EnR/EE ;
- les frais de fonctionnement de l'EPIC.

3.3.2. *Le recours aux programmes des organismes d'aide au développement*

Le Fonds Mondial pour l'Environnement (GEF), le Programme des Nations Unis pour le Développement (PNUD), l'Institut de l'Energie et de l'Environnement de la Francophonie (IEPF) et beaucoup d'autres organismes au développement constituent une excellente source de financement pour les projets de renforcement de capacité, d'études d'identification des potentiels des EE/EnR et d'études générales de faisabilité de projets globaux en EE/EnR.

Seuls les projets étatiques sont en générale éligibles. Ce mode de financement requiert des procédures assez rigoureuses. Il faut signaler que plusieurs projets en Côte d'Ivoire ont déjà été financés par ces programmes c'est le cas du projet de développement des Entreprises de Service Energétique (ESCOs) financé par le GEF/IEPF pendant la période de 2000 à 2005.

Ce mode de financement devrait être privilégié dans la phase de mise en place et de consolidation de l'Agence/Société. Il pourrait être utilisé également pour le développement de programmes spécifiques en énergies renouvelables en supportant une part du coût d'investissement du programme.

3.3.3. *Le fonds carbone – projets MDP*

Le fonds carbone est né avec les ambitieux engagements de réduction des émissions de Gaz à Effet de Serre (GES) souscrits par les pays développés. Pour faciliter leur réalisation, le protocole de Kyoto prévoit, pour ces pays, la possibilité de recourir à des mécanismes dits « de flexibilité » en complément des politiques et mesures qu'ils devront mettre en œuvre au plan national.

L'action locale doit cependant constituer une part « significative » de l'effort de réduction, le recours aux mécanismes de flexibilité du protocole ne venant qu'en supplément : échanges internationaux de permis d'émission, mise en œuvre conjointe (MOC), mécanisme de développement propre (MDP), qui permettent aux pays industrialisés de bénéficier de crédits-carbone résultant d'investissements en technologies propres dans des projets de réduction d'émissions de GES à l'extérieur de leur zone géographique.

Le mécanisme MDP représente une source de financement pour les projets majeurs d'énergie renouvelable. Ce mode de financement requiert toutefois de fortes contraintes de mise en place basées sur un savoir-faire très important.

Dans le cadre d'un projet éligible au fonds carbone, l'agence en charge de l'EE/EnR pourrait, à la demande du promoteur du projet :

- aider à choisir un cabinet de consultant (agréé par l'agence) pour l'accompagnement dans la démarche MDP et élaborer l'étude des crédits carbone ;
- participer avec l'aide du fonds de l'énergie, à l'investissement du projet.

3.3.4. *Développement de fonds de crédit spécifique et partenariat public-privé*

Pour permettre aux entreprises et surtout à certaines PME d'avoir accès facilement aux EnR, la mise en place de lignes de crédits spécifiques et d'assistance technique dans certains établissements financiers sera nécessaire. Une partie du fonds de l'énergie servirait de fonds de garantie. Les incitations financières à mettre en place dans le cadre du présent cadre institutionnel, devraient inclure l'allégement des taux d'intérêt pour ce fonds spécifique de crédit.

Pour les PME/PMI avec des accès limités aux crédits, un partenariat public-privé est une composante fondamentale en complément au fonds de crédit spécifique. Ce partenariat se fonde sur des financements nouveaux et innovants qui utilisent des outils traditionnellement employés par le secteur privé (prêts, actionnariat, capital-risque par exemple). Le regroupement des PME/PMI par corporation pourrait jouer un grand rôle dans ce partenariat.

Le fonds de l'énergie pourrait servir comme un fonds d'investissement "private equity" supportant une part de l'investissement pour le démarrage du projet.

3.3.5. *Les incitations financières*

Pour assurer une réussite des différents plans et surtout être sure de l'atteinte des objectifs, des incitations financières devraient accompagner la mise en œuvre du cadre institutionnel. Les incitations financières sont de deux types ; les incitations fiscales et les subventions directes.

Les subventions directes sur les investissements des énergies renouvelables demeurent populaires. Souvent considérées comme coûteuses et peu fiables. Les subventions sont considérées comme des mesures provisoires pour préparer les consommateurs à de nouvelles normes, ou pour stimuler la diffusion des technologies les plus efficaces en créant un marché qui n'existerait pas autrement, en réduisant les coûts de ces technologies.

Les incitations fiscales, telles que les crédits d'impôt, les taxes réduites et les amortissements accélérés, sont habituellement considérés comme moins coûteuses que les subventions directes pour les gouvernements. Les subventions directes seraient faites pour les programmes spécifiques portant sur la promotion de solutions d'EnR qui touche le grand public.

Par ailleurs, tous les investissements relatifs au développement des EnR/EE pourraient être exonérés de taxes de douanes et de taxe sur le Bénéfice Industriel et Commerciale (BIC) sur certaines périodes (exp : 5 premières années d'exploitation). La réduction de la TVA sur les équipements et services relatifs aux énergies renouvelables pourrait être aussi une piste à explorer.

CONCLUSION

En 2010, un déséquilibre entre l'offre et la demande est survenu dans le secteur de l'électricité en Côte d'Ivoire. Cette nouvelle situation de crise constitue donc une opportunité pour la mise en place d'une base durable pour les énergies renouvelables afin de limiter voir d'éviter l'effet négatif de la forte dépendance aux énergies conventionnelles.

De la littérature consultée et des différents entretiens que nous avons effectués durant notre formation, nous avons pu élaborer un diagnostic de l'état actuel du secteur de l'électricité en Côte d'Ivoire. De nos analyses, nous avons présenté une proposition d'un cadre institutionnel et réglementaire pour les énergies renouvelables en Côte d'Ivoire ; proposition prenant en compte une démarche globale et structurée associant étroitement le développement des énergies renouvelables et l'efficacité énergétique.

Les points clés de notre analyse pour la mise en place d'un cadre institutionnel et réglementaire pour les énergies renouvelables en Côte d'Ivoire, sont ci-dessous résumés :

- un cadre réglementaire et légal adapté (ensemble des textes réglementaires et juridiques qui gouvernent le cadre institutionnel). L'adoption de ces textes devrait rassurer les partenaires privés et les organismes internationaux ;
- une agence qui devrait être un établissement public à caractère industriel et commercial autonome financièrement. Cette agence sera l'animateur principal en charge de concevoir, coordonner, mettre en place puis évaluer les programmes et les actions d'efficacité énergétique et de développement des énergies renouvelables ;
- la mise en place des incitations financières pour accompagner le développement des énergies renouvelables (subventions directes, incitations fiscales, etc.) ;
- un mécanisme de financement pour permettre à tous les opérateurs économiques d'accéder facilement aux énergies renouvelables. Ce

mécanisme de financement s'étend du fonds de l'énergie aux incitations financières en passant par le fonds carbone pour les projets MDP, un fonds de crédit spécifique et les partenariats privé-publics.

La mise en place d'un cadre institutionnel tel que proposé devrait permettre d'afficher une réelle volonté politique du gouvernement ivoirien pour le développement des énergies renouvelables. Les énergies renouvelables sont sans nul doute des outils qui pourraient nous aider à faire face au défi du réchauffement climatique planétaire et à celui de l'approvisionnement en énergie électrique de nos populations au regard du caractère vital et stratégique de l'énergie.

BIBLIOGRAPHIE

- Zahalo SILUE, Rapport de l'étude générale : Etude pour l'élaboration d'un cadre institutionnel et des projets sectoriels pilotes dans le domaine de l'efficacité énergétique pour la Côte d'Ivoire, PURE-Don IDA N° H 4830 – CI, Juin 2010

- Rapport provisoire MESSAGE, Evaluation de la fourniture en énergie électrique 2001-2025, Equipe Planification Energétique de la Côte d'Ivoire, Novembre 2008

- MMPE, Plan stratégique de développement 2011-2030, Tome 3 : Electricité & Energies nouvelles, Octobre 2011

- Direction de l'Énergie, Politique énergétique, Abidjan - Côte d'Ivoire, Draft 1B, Janvier 2006.

- Gouvernement Côte d'Ivoire, DSRP : Stratégie de relance du Développement et de Réduction de la Pauvreté, Abidjan, janvier 2009.

ANNEXES

ANNEXE 1   : CÔTE D'IVOIRE _ Loi n° 85-583 du 29 juillet 1985

ANNEXE 2   : Extrait du JO relatif aux décrets n°2011-470 et n°2011-471 du 21 décembre 2011 portant dissolution anticipée des sociétés SOGEPE et SOPIE

ANNEXE 3   : Marché du secteur de l'électricité en Côte d'Ivoire

ANNEXE 1 : CÔTE D'IVOIRE _ Loi n° 85-583 du 29 juillet 1985

ENERGIE ELECTRIQUE

PRODUCTION-TRANSPORT-DISTRIBUTION

Loi n°85-583 du 29 juillet 1985 organisant la production, le transport et la distribution de l'énergie électrique en Côte d'Ivoire.

TITRE PREMIER
DU MONOPOLE

Article premier - Le transport et la distribution de l'électricité sur l'ensemble du territoire de la Côte d'Ivoire, ainsi que l'importation et l'exportation, constituent un monopole de l'Etat.

Les fonctions correspondantes sont exercées comme un service public de la Côte d'Ivoire, avec les caractéristiques de régularité, de neutralité et d'égalité de traitement qui s'y attachent. Les prestations en résultant sont assurées au moindre coût avec les exigences du service public.

Article 2 - Au titre de l'exercice du monopole visé à l'article ci-dessus :

1° L'ensemble des emprises et implantations territoriales nécessaires à la réalisation des moyens de transport et de distribution de l'électricité déclarés d'utilité publique, fait partie du domaine public de l'Etat.

Dans la mesure où certaines emprises ou implantations exigeraient le recours au domaine public des collectivités locales, les parcelles en cause seraient transférées au domaine public de l'Etat par les moyens de droit résultant de la législation en vigueur.

2° L'ensemble des équipements et ouvrages déclarés d'utilité publique existants ou à construire et servant au transport et à la distribution de l'électricité en Côte d'Ivoire fait partie du domaine publique de l'Etat, en vue d'être englobés dans un ensemble concédé au titre et dans le cadre des dispositions des articles 5 et suivants de la présente loi.

3° Les emprises et implantations territoriales nécessaires à la réalisation des moyens de production déclarés d'utilité publique et destinés à satisfaire l'activité de production de l'Etat définie à l'article 3 ci-dessous sont transférées au domaine public de l'Etat par les moyens de droit résultant de la législation en vigueur.

Les équipements et ouvrages existants ou à construire faisant partie du domaine public de l'Etat peuvent être englobés dans l'ensemble concédé au même titre que les équipements ou ouvrages servant au transport et à la distribution.

Article 3 - La production d'électricité ne constitue pas un monopole de l'Etat.

Les moyens de production faisant partie du domaine public de l'Etat sont exploités également comme un service public, tel que défini à l'article premier pour le transport et la distribution, et de façon à satisfaire les besoins du pays tels que précisés dans l'article 4 ci-dessous.

La production autonome d'électricité, est autorisée lorsque celle-ci exclusive de toute distribution publique, est réalisée localement à partir de sources de production autorisées par le Gouvernement de la République de Côte d'Ivoire.

Article 4 - Un plan sera établi tendant à la couverture totale du territoire national par un système de production, de transport et de distribution de l'énergie électrique en haute, moyenne et basse tension, destiné à satisfaire les besoins du pays. Ce système pourra comporter des liaisons permettant des échanges avec les systèmes énergétiques ivoiriens autonomes définis à l'article 3 et ceux des pays étrangers.

TITRE II
DE L'AUTORITE CHARGEE D'EXERCER
LES PREROGATIVES DE L'ETAT

Article 5 – Pour l'exercice de ses attributions en matière de transport, de distribution, d'importation et d'exportation de l'énergie électrique, telles que définies à l'article premier ci-dessus et des compétences en matière de production de l'énergie électrique telles que définies à l'article 3 ci-dessus l'Etat de Côte d'Ivoire est autorisé à concéder ce service public, pour une durée déterminée susceptible de renouvellement ou de prolongation, à un organisme de caractère industriel et commercial, désigné par lui et chargé d'assurer, sous son contrôle, l'ensemble des attributions définies au titre I ci-dessus, sous réserve des exceptions qui y sont stipulées.

Article 6 –

I.   L'organisme visé à l'article 5 ci-dessus est désigné par décret pris en conseil des ministres.

II.   Une convention générale passée entre l'Etat et l'organisme désigné détermine les rapports entre l'un et l'autre, l'étendue de la compétence de l'organisme, ses prérogatives et ses obligations. Elle fixe les obligations de service public auxquelles l'organisme est tenu de déférer, ainsi que les modalités de l'intervention de l'Etat, notamment en matière de dotations ou d'assistance financière, en matière de tarifs et pour tout ce qui concerne l'intervention de l'Etat dans les programmes de développement de l'électricité en Côte d'Ivoire.

III.   Un cahier des charges traite des problèmes techniques concernant la production. Le transport et la distribution de l'énergie électrique. Il fixe notamment en détail la règlementation administrative, technique et juridique fixée en application de la loi et développée par la convention générale visée à l'alinéa II du présent article, pour la fourniture de l'énergie électrique aux utilisateurs.

Article 7 – Indépendamment des textes contractuels de portée permanente définis aux alinéas II et III de l'article 6 ci-dessus et dans le cadre du plan visé à l'article 4 précédent, des conventions périodiques d'application seront conclues entre l'Etat et l'organisme visé à l'article 5 précédent, pour fixer la consistance des programmes de développement à moyen terme en matière d'électrification, les financements correspondants ainsi que la part que l'Etat pourra y prendre, avec les modalités de cette participation.

Article 8 – Dans l'accomplissement de sa mission, l'organisme visé à l'article 5 précédent respectera, en matière financière, les principes suivants :

a) Il est responsable de l'équilibre financier de son exploitation dans le cadre des règles de tutelle édictées par le Gouvernement, notamment en matière de tarification et de développement de nouvelles électrifications.

   Toutefois, lorsque la puissance publique fait peser sur l'organisme des contraintes comportant des exceptions aux règles visées à l'alinéa précédent et ayant pour effet de porter atteinte à son équilibre , celle-ci assure à l'organisme la compensation des charges supplémentaires ainsi encourues.

b) Il peut, à la demande et pour le compte de l'Etat ivoirien, et dans le cadre d'engagements particuliers, réaliser des équipements électriques dont celui-ci assure l'équilibre financier jusqu'à ce que leur rentabilité propre ait été établie.

c) Il peut conclure, avec une personne de droit privé ou de droit public possédant une source de production autorisée dans les conditions visées à l'article 3 précédent, un accord d'achat d'énergie électrique dans des conditions qui seront définies par la convention citée à l'article 6 ci-dessus.

   En outre, lorsqu'il n'est pas en état d'assurer temporairement la production d'électricité dans une zone donnée, il peut être invité par l'Etat à conclure un tel accord.

d) Il peut également conclure des contrats d'échanges, d'achat ou de vente d'énergie électrique avec l'étranger.

Article 9 – Dans l'exercice de ses fonctions, l'organisme désigné à l'article 5 ci-dessus est soumis en permanence à un contrôle économique et financier du Gouvernement de la Côte d'Ivoire, tel qu'il permette à celui-ci, sans porter atteinte à l'autonomie de gestion de la société, de prendre une vue significative de la situation immédiate et des perspectives de développement et d'équilibre de ladite société.

Au titre de ce contrôle, sont notamment prévus :

- l'institution d'un commissaire du Gouvernement chargé de suivre pour le compte du Gouvernement de la République de Côte d'Ivoire, l'activité de la société ;
- la remise au commissaire du Gouvernement, ainsi qu'à toutes autorités désignées par le Gouvernement, de documents réguliers, représentatifs de l'activité de la société ;
- le droit, pour le Gouvernement, de contrôler les comptes de la société par lui-même ou par tous organismes qu'il désignera ;
- une autorisation préalable en ce qui concerne les décisions engageant les finances de l'organisme au titre d'investissements nouveaux, si elles ont une incidence sur l'endettement extérieur de la Côte d'Ivoire.

Article 10 – L'organisme visé à l'article 5 ci-dessus à la faculté de recourir, par l'intermédiaire du Gouvernement de la République de Côte d'Ivoire, à la procédure d'expropriation après déclaration d'utilité publique des travaux ou des ouvrages visés à l'article 2 ci-dessus, par décret pris dans le cadre de la législation et de la réglementation en vigueur.

Il peut également occuper temporairement les propriétés privées ou publiques pour effectuer des études ou des travaux préparatoires, en application des textes en vigueur.

Article 11 – Sous réserve de respecter la sécurité et la commodité des habitants, dans des conditions qui seront définies par la convention et le cahier de charges cités à l'article 6 ci-dessus, l'organisme concessionnaire, une fois obtenue la déclaration d'utilité publique, a le droit d'établir sur les propriétés privées les ouvrages de production, de transport et de distribution nécessaires à l'accomplissement de sa mission, de les occuper ou de les surplomber à titre de servitude.

Il a également le droit d'élagage, d'ébranchage et d'abattage des arbres et arbustes sur ses propriétés privées en vue d'assurer la sécurité et la continuité du service public. Les servitudes exercées dans les conditions fixées par le décret en Conseil des ministres sont gratuites et inscrites en franchise de droits au registre foncier.

Seule, une indemnité est due au propriétaire qui éprouve un dommage actuel, direct et certain. L'organisme visé à l'article 5 peut également occuper, moyennant une juste indemnité due au propriétaire, une propriété pour y édifier un poste de transformation, à titre de servitude.

En cas de contestation, le litige est porté devant la juridiction compétente.

Pour obtenir les emprises sur les propriétés visées au présent article, l'organisme visé à l'article 5 peut également utiliser la procédure d'expropriation dans les formes prévues à l'article 10 ci-dessus.

Article 12 – L'organisme visé à l'article 5 a le droit d'occuper gratuitement les propriétés publiques pour y établir des ouvrages de production, de transport et de distribution nécessaires à l'accomplissement de sa mission, sous réserve de respecter la sécurité publique et l'affectation de la propriété publique, et sous réserve de l'approbation préalable du Gouvernement.

Il a également le droit d'occuper gratuitement le sol des voies publiques ou de les surplomber et d'y effectuer tous travaux

Des travaux de modifications ou de déplacement des lignes peuvent être demandés par l'autorité publique. En ce cas, les frais résultant des travaux sont à la charge de la demanderesse.

Les mêmes travaux peuvent être demandés aux entrées et accès de leurs immeubles par les particuliers riverains de la voie publique. En ce cas, les frais résultant desdits travaux sont toujours à la charge des demandeurs.

TITRE III
DISPOSITIONS RELATIVES A LA SECURITE ET A LA PROTECTION DES INSTALLATIONS ELECTRIQUES

Article 13 – Sans préjudice des interdictions générales résultant des dispositions pénales de droit commun, il est interdit à toute personne étrangère au service de production, de transport ou de distribution de l'énergie électrique, sauf dérogation délivrée par l'organisme visé à l'article 5 ci-dessus :

-       de déranger, altérer, modifier ou manœuvrer sous quelque prétexte que ce soit, les appareils et ouvrages qui dépendent de la production, du transport ou de la distribution;
-       de placer quoi que ce soit sur ou sous les supports conducteurs et tous organes de distribution, ou de transport, de les toucher ou de lancer un objet quelconque qui pourrait les atteindre ;

-   de pénétrer sans y être autorisé régulièrement dans les immeubles dépendant de la production, du transport ou de la distribution et d'y introduire ou d'y laisser introduire des animaux.

Les infractions aux présentes dispositions constituent des contraventions de la troisième classe telles que fixées par la loi n° 63 -526 du 26 décembre 1963.

Article 14 – Les servitudes visées à l'article 12 et le droit d'occuper les propriétés publique visées à l'article 11 ci-dessus autorisent l'organisme concessionnaire à prendre lui-même toutes les mesures nécessaires pour assurer la protection de ses installations de production, de transport et de distribution de l'énergie électrique, en accord avec les autorités compétentes du Gouvernement.

Les mesures de protection autorisées seront fixées par décret au conseil des ministres.

Les mesures visées à l'alinéa précédent concernent également les installations et réseaux sur et sous les voies publiques, en bordure des propriétés privées ou publiques.

Article 15 – Dans le cas où des équipements de production faisant appel à l'énergie nucléaire, ou à toute forme nouvelle d'énergie, seraient réalisés en Côte d'Ivoire, le Gouvernement prendra toutes réglementations rendues nécessaires par la matière.

En cas de besoins, il pourra charger l'organisme visé à l'article 5 ci-dessus de pourvoir à l'application desdites réglementations.

Article 16 – Le Gouvernement détermine les conditions techniques et réglementaires auxquelles doivent satisfaire la production, le transport et la distribution de l'énergie électrique eu égard, dans l'intérêt général, à la sécurité des personnes, à la protection des paysages et des sites et à la continuité des services publics.

TITRE IV
DISPOSITIONS REGLEMENTAIRES ET FINALES

Article 17 – Toute infraction aux articles 1 et 3 de la présente loi, constatée par procès-verbal dressé par l'autorité compétente constitue une contravention de la troisième classe, telle que fixée par la loi n° 63-526 du 26 décembre 1963.

La sanction est assortie de la condamnation à la suppression de l'installation litigieuse.

Article 18 – Les infractions aux dispositions de l'article 13 ci-dessus sont constatées par procès-verbaux dressés par les officiers de Police judiciaire. Elles sont poursuivies devant les tribunaux répressifs et punies d'une amende, sans préjudice de l'application éventuelle des dispositions prévues par le Code pénal ou par des lois particulières, notamment en matière de vol, d'escroquerie, d'abus de confiance, de protection des ouvrages publics ou d'accidents de personnes ainsi que des dispositions relatives aux réparations civiles.

Article 19 – Sont abrogées toutes les dispositions législatives et réglementaires antérieures et contraires à la présente loi.

Article 20 – La présente loi sera publiée au Journal Officiel de la République de Côte d'Ivoire et exécutée comme loi de l'Etat.

Fait à Abidjan, le 29 juillet 1985

Félix HOUPHOUET BOIGNY

ANNEXE 2 : Extrait du JO relatif aux décrets n°2011-470 et n°2011-471 du 21 décembre 2011 portant dissolution anticipée des sociétés SOGEPE et SOPIE

CINQUANTE-QUATRIEME ANNEE - N° 2

NUMERO SPECIAL

LUNDI 30 JANVIER 2012

JOURNAL OFFICIEL

DE LA

NUMERO SPECIAL
PRIX DE VENTE : 3.000 FCFA

REPUBLIQUE DE COTE D'IVOIRE

paraissant le jeudi de chaque semaine

SOMMAIRE

PARTIE OFFICIELLE

2012 ACTES PRESIDENTIELS

PRESIDENCE DE LA REPUBLIQUE

11 déc. .... Décret n° 2011-470 portant dissolution anticipée de la Société d'Etat dénommée Société de Gestion du Patrimoine du Secteur de l'Electricité en abrégé SOGEPE. ... 26

déc. .... Décret n° 2011-471 portant dissolution anticipée de la Société d'Etat dénommée Société d'Opération Ivoirienne d'Electricité en abrégé SOPIE. ... 26

déc. .... Décret n° 2011-472 portant création d'une Société d'Etat dénommée Energies de Côte d'Ivoire. ... 27

déc. .... Décret n° 2011-476 portant identification des abonnés des Services de Télécommunications ouverts au public. ... 29

13

janv. .... Décision n° 01-/PR portant création, organisation et fonctionnement des Tribunaux de Commerce. ... 31

janv. .... Décision n° 02-/PR relative à l'entrée en vigueur des actes à caractère législatif ou réglementaire édictés au cours des années 2010 et 2011, et publiés en 2012 au Journal officiel de la République de Côte d'Ivoire. ... 34

janv. .... Décret n° 2012-02 portant dissolution du Programme spécial de Transfert de la Capitale à Yamoussoukro. ... 35

11 janv. .... Décret n° 2012-04 instituant le système de la journée optimale dans les Administrations de l'Etat, les Etablissements publics nationaux et les Collectivités locales. ... 35

11 janv. .... Décret n° 2012-05 portant définition de la petite et moyenne Entreprise. ... 35

16 janv. .... Décret n° 2012-06 portant dénomination de l'Organe de Gestion, de Développement de Régulation de la Filière Café-Cacao et de Stabilisation des prix du Café et du Cacao. ... 36

16 janv. .... Décret n° 2012-07 portant composition du Conseil d'Administration du Conseil de Régulation, de Stabilisation et de Développement de la Filière Café-Cacao. ... 36

18 janv. .... Décret n° 2012-14 portant organisation, attributions et fonctionnement de l'inspection générale des Services judiciaires et pénitentiaires. ... 37

18 janv. .... Décret n° 2012-15 fixant les modalités d'application de la loi n° 97-514 du 4 septembre 1997 portant statut des Huissiers de Justice. ... 39

18 janv. .... Décret n° 2012-16 portant ratification de l'accord de prêt d'un montant de quatre milliards quatre cent millions de francs CFA, conclu le 20 décembre 2011, entre la Banque Ouest Africaine de Développement (BOAD) et la République de Côte d'Ivoire, en vue du financement partiel du projet d'organe de réhabilitation et de relance des activités rizicoles dans les Régions des Montagnes et du moyen Cavally en République de Côte d'Ivoire. ... 48

18 janv. .... Décret n° 2012-17 portant ratification de l'accord de prêt d'un montant de 7,55 milliards de francs CFA, conclu le 20 décembre 2011, entre la Banque Ouest Africaine de Développement (BOAD) et la République de Côte d'Ivoire, en vue

du financement actuel du projet d'aménagement en 2 x 2 voies de la route Abobo-Anyama en République de Côte d'Ivoire. ... 56

18 janv. ...... Décret n° 2012-18 relatif au prélèvement et à l'utilisation de substances thérapeutiques d'origine humaine autres que le sang. ... 61

18 janv. ...... Décret n° 2012-19 portant transfert de l'actif et du passif de la société de Presse et d'Edition de Côte d'Ivoire (SPECI) et de la Société d'Imprimerie Ivoirienne (SII) à la Nouvelle Société de Presse et d'Edition de Côte d'Ivoire (SNPECI). ... 64

18 janv. ...... Décret n° 2012-20 portant création, organisation et fonctionnement de l'Ecole supérieure africaine des Technologies de l'Information et de la Communication, en abrégé ESATIC. ... 64

20 janv. ...... Décret n° 2012-49 modifiant le décret n° 2011-462 du 16 novembre 2011 portant organisation du ministère des Eaux et Forêts. ... 67

20 janv. ...... Décret n° 2012-51 portant modification du décret n° 61-47 fixant les modalités d'application de la loi n° 60-433 du 10 décembre 1960 tel que modifié par le décret n° 2001-627 du 3 octobre 200... ... 68

PARTIE NON OFFICIELLE

Avis et Annonces

PARTIE OFFICIELLE

ACTES PRESIDENTIELS

PRESIDENCE DE LA REPUBLIQUE

DÉCRET n° 2011-470 du 21 décembre 2011 portant dissolution anticipée de la Société d'Etat dénommée Société de Gestion du Patrimoine du Secteur de l'Electricité en abrégé SOGEPE.

LE PRESIDENT DE LA REPUBLIQUE,

Sur rapport conjoint du ministre des Mines, du Pétrole et de l'Energie et du ministre de l'Economie et des Finances,

Vu l'acte Uniforme de Traité pour l'Harmonisation du Droit des Affaires en Afrique (OHADA) en date du 17 avril 1997 relatif au Droit des Sociétés commerciales et du Groupement d'Intérêt économique ;

Vu la Constitution ;

Vu la loi n° 85-583 du 29 juillet 1985 organisant la protection, le transport et la distribution, de l'énergie électrique en Côte d'Ivoire ;

Vu le décret n° 90-1390 du 24 octobre 1990 portant désignation du concessionnaire du service public national de production, de transport, de distribution, d'exportation et d'importation de l'énergie électrique ;

Vu la loi n° 95-15 du 12 janvier 1995 portant code du travail, et l'ensemble des textes subséquents ;

Vu la loi n° 97-519 du 4 septembre 1997 portant définition et organisation des Sociétés d'Etat ;

Vu la loi n° 97-520 du 4 septembre 1997 portant définition et organisation des sociétés à participation financière ;

Vu le décret n° 90-1390 du 24 octobre 1990 portant approbation de la convention de concession du service public national de production, de transport, de distribution, d'exportation et d'importation de l'énergie électrique ;

Vu le décret n° 2010-01 du 4 décembre 2010 portant nomination du Premier Ministre ;

Vu le décret n° 2011-101 du 1er juin 2011 portant nomination des membres du Gouvernement ;

Vu le décret n° 2011-118 du 22 juin 2011 portant attributions des membres du Gouvernement ;

Vu le décret n° 2011-222 du 7 septembre 2011 portant organisation du ministère de l'Economie et des Finances ;

Vu le décret n° 2011-394 du 16 novembre 2011 portant prorogation du ministère des Mines, du Pétrole et de l'Energie ;

le Conseil des ministres entendu,

DECRETE :

Article premier. — la Société d'Etat dénommée société de Gestion du Patrimoine du Secteur de l'Electricité, en abrégé SOGEPE, créée par le décret n° 98-727 du 16 décembre 1998, est par anticipation dissoute.

Art. 2. — En conséquence des dispositions de l'article 1 ci-dessus, il est mis fin :

— aux mandats des Administrateurs ;

— aux fonctions du Directeur général ;

— à tous les contrats de travail.

Le personnel de la société dissoute sera en tout ou partie repris par la nouvelle société chargée des énergies.

Art. 3. — La liquidation de la SOGEPE est assurée par un liquidateur, nommé par arrêté conjoint du ministre des Mines, du Pétrole et de l'Energie et du ministre de l'Economie et des Finances.

Art. 4. — Dans le cadre des opérations de liquidation, le patrimoine mobilier et immobilier de la SOGEPE est dévolu à la nouvelle société chargée des Energies.

Art. 5. — Des arrêtés conjoints du ministre de l'Economie et des Finances et du ministre des Mines, du Pétrole et de l'Energie préciseront autant que de besoin, les modalités d'application du présent décret.

Art. 6. — Le ministre des Mines, du Pétrole et de l'Energie et le ministre de l'Economie et des Finances sont chargés, chacun en ce qui le concerne, de l'exécution du présent décret qui sera publié au Journal officiel de la République de Côte d'Ivoire.

Fait à Abidjan, le 21 décembre 2011.

Alassane OUATTARA.

DÉCRET n° 2011-471 du 21 décembre 2011 portant dissolution anticipée de la Société d'Etat dénommée Société d'Opération Ivoirienne d'Electricité en abrégé SOPIE.

LE PRESIDENT DE LA REPUBLIQUE,

Sur rapport conjoint du ministre des Mines, du Pétrole et de l'Energie et du ministre de l'Economie et des Finances,

TITRE III

Dispositions Financières

Art. 13. — Pendant une période courant jusqu'à la date d'expiration de la Convention de Concession de Service public, passée entre l'État et la Compagnie ivoirienne d'Électricité en date du 25 octobre 1990 et approuvée par le décret n°90-1390 susvisé, les ressources de la société sont assurées par le secteur en fonction de prestations fournies selon des modalités définies conventionnellement entre l'État et la société.

À l'issue de cette période, les ressources de la société sont constituées, à titre principal, par la cession de ses prestations, notamment au titre des droits de trafic et de moyens de commercialisation.

À titre exceptionnel, elles peuvent être constituées par :

1° les dotations de l'État ;

2° les subventions d'Organismes publics ou privés, nationaux ou internationaux ;

3° les produits de ses biens meubles ou immeubles, aliénés dans les conditions prévues par les textes en vigueur ;

4° les produits des emprunts effectués dans les conditions prévues par les textes en vigueur.

Art. 14. — Il est passé entre l'État et la société, tous les trois ans, un contrat de programme qui fixe, notamment :

1°) le programme d'activités de la société, en rapport avec les politiques de l'État ;

2°) les conditions et modalités de l'équilibre entre les ressources et les emplois de la société ;

3°) le montant des sommes versées par les subventions annuelles de l'État.

Le contrat de programme est amendé, à la demande de la société ou de l'État, dès qu'un élément concourant à l'équilibre de la réalisation des missions définies à l'article 2 est modifié.

TITRE IV

Tutelle et Contrat

Art. 15. — La société est placée sous la tutelle technique du ministre chargé de l'Énergie et sous la tutelle économique et financière du ministre chargé de l'Économie et des Finances.

Art. 16. — La société est contrôlée par deux commissaires aux comptes nommés par un arrêté du ministre de l'Économie et des Finances.

Ils exercent leurs fonctions dans le respect des dispositions législatives et réglementaires en vigueur.

Art. 17. — La société est soumise au contrôle de la Chambre des Comptes de la Cour suprême et du Parlement, conformément aux dispositions législatives et réglementaires en vigueur.

TITRE V

Dispositions finales

Art. 18. — Les statuts de la société, annexés au présent décret, sont approuvés.

Art. 19. — Le ministre des Mines, du Pétrole et de l'Énergie et le ministre de l'Économie et des Finances sont chargés, chacun en ce qui le concerne, de l'exécution du présent décret qui sera publié au Journal Officiel de la République de Côte d'Ivoire.

Fait à Abidjan, le 21 décembre 2011.

Alassane OUATTARA.

DÉCRET n° 2011-476 du 21 décembre 2011 portant identification des abonnés des Services de Télécommunications ouverts au public.

LE PRÉSIDENT DE LA RÉPUBLIQUE,

Sur rapport du ministre de la Poste et des Technologies de l'Information et de la Communication ;

Vu la Constitution ;

Vu la loi n° 95-526 du 7 juillet 1995 portant Code des Télécommunications, telle que modifiée en son article 51 par l'Ordonnance n° 98-441 du 4 août 1998 ;

Vu le décret n° 95-555 du 19 juillet 1995 portant organisation et fonctionnement du Conseil des Télécommunications de Côte d'Ivoire (CTCI) ;

Vu la loi n° 97-391 du 9 juillet 1997 définissant les catégories et les modalités d'octroi des autorisations d'établissement et d'exploitation des réseaux radioélectriques ;

Vu le décret n° 97-392 du 9 juillet 1997 définissant les modalités d'octroi des autorisations de fournitures de services de Télécommunications ;

Vu le décret n° 98-506 du 16 septembre 1998 portant création de la société d'État dénommée Agence des Télécommunications de Côte d'Ivoire (ATCI) ;

Vu le décret n° 99-441 du 11 juillet 1999 relatif au plan national de numérotation ;

Vu le décret n° 2010-01 du 4 décembre 2010 portant nomination du Premier Ministre ;

Vu le décret n° 2011-101 du 1er juin 2011 portant nomination des membres du Gouvernement ;

Vu le décret n° 2011-118 du 22 juin 2011 portant attributions des membres du Gouvernement ;

le Conseil des ministres entendu,

DÉCRÈTE :

Article premier. — Les opérateurs de téléphonie et les fournisseurs d'accès internet sont tenus de procéder à l'identification de leurs abonnés. À cet effet, ils collectent et conservent les données relatives à leurs abonnés.

Les opérateurs de téléphonie et les fournisseurs d'accès internet qui contractent avec une société de commercialisation de services, sont tenus de prendre toutes les dispositions afin que leurs distributeurs agréés procèdent à l'identification des abonnés, au moment de la commercialisation des services.

Art. 2. — Toute personne physique ou morale qui souhaite souscrire à un abonnement auprès d'un opérateur de téléphonie ou d'un fournisseur d'accès internet, a l'obligation de se faire identifier selon les modalités définies par le présent décret.

Toute personne physique ou morale qui a la qualité d'abonné prépayé ou post-payé à la date d'entrée en vigueur du présent décret, a l'obligation de se faire identifier.

Art. 3. — La vente de cartes SIM préactivées par les opérateurs de téléphonie mobile est interdite dès l'entrée en vigueur du présent décret.

ANNEXE 3 : Marché du secteur de l'électricité en Côte d'Ivoire

Source : http://www.anare.ci/lemarche/loffre.asp (Janvier 2013)

Production brute
1- Hydraulique

CENTRALE	PUISSANCE INSTALLEE (MW) AU 31/12/10	PRODUCTION (MWh)							
		2003	2004	2005	2006	2007	2008	2009	2010
Ayamé 1	22	68 042	74 219	89 423	72 304	83 945	118 028	99 426	102 415
Ayamé 2	30	121 370	114 764	141 528	139 129	134 164	177 382	164 276	164 837
Kossou	175	164 044	206 753	89 474	79 382	79 486	160 988	163 973	50 171
Taabo	210	713 415	577 095	393 993	449 310	584 958	748 313	644 212	511 664
Buyo	165	758 429	767 717	707 096	760 064	908 659	686 383	1 054 850	783 158
Fayé	5	6238	7586	11421	10 078	5 510	7 221	4 085	6 126
TOTAL	602	1 831 537	1 748 134	1 432 935	1 510 268	1 796 722	1 898 315	2 130 822	1 618 370

2- Thermique

CENTRALE	PUISSANCE INSTALLEE (MW) AU 31/12/10	PRODUCTION (MWh)							
		2003	2004	2005	2006	2007	2008	2009	2010
Vridi 1	88	170 811,5	202 912	319 200	376 472	337 641	99 796	66 480	142 733
CIPREL	210+111	1 399 699	1 485 330	1 618 681	1 475 037	1 503 096	1 453 069	1 503 333	2 120 923
Azito	300	1 684 368	1 959 523	2 189 944	2 173 626	1 869 374	2 215 168	2 096 536	1 738 208
Aggreko	70								256 482
TOTAL	779?	3 254 879	3 647 765	4 127 825	4 025 135	3 710 111	3 768 033	3 666 349	4 258 482

3- Centrales isolées

Année	2000	2001	2002	2003	2004	2005	2006	2007	2008	2009	2010
Nombre	73	70	67	64	61	65	61	66	67	67	68
Production (MW)	13 145	13 404	12 958	5 834	7 396	4 994	6 171	6 720	6 301	6 808	7 893

Source : http://www.anare.ci/lemarche/lademande.asp (Janvier 2013)

La demande

1-Nombre de clients

	2003	2004	2005	2006	2007	2008	2009	2010
BASSE TENSION	**663 739**	**864 143**	**876 218**	**898 863**	**951 311**	**996 780**	**1 042 060**	**1 079 503**
Modéré	464 930	631 704	643 354	651 427	650 696	697 361	725 644	744 428
Général	122 629	134 811	133 104	141 349	181 874	180 172	192 628	207 303
Professionnel	65 937	86 869	88 620	89 936	103 958	107 132	111 500	115 638
Eclairage Public	6 100	5 652	5 841	6 009	5 189	6 473	7 085	6 818
Conventionnel	3 100	3 761	3 852	8 850	7 881	3 859	3 923	4 098
Gratuite	1 043	1 346	1 447	1 292	1 713	1 283	1 270	1 218
MOYENNE ET HAUTE TENSIONS	**2 539**	**2 593**	**2 593**	**2 665**	**2 761**	**2 882**	**3 079**	**3 255**
Privé	1 754	1 799	1 799	1 805	1 872	1 966	2 135	2 294
Administration	422	434	434	455	484	505	522	533
Autonome	166	169	167	193	195	193	192	191
Commune	26	25	40	24	79	23	24	24
Client groupe	141	135	122	137	133	138	144	149
Dégrevé TVA	6	6	5	7	7	6	6	6
Organisme	24	25	26	40	47	51	56	58
TOTAL CLIENTELE	**666 278**	**866 736**	**878 811**	**901 528**	**954 072**	**998 662**	**1 045 139**	**1 082 758**

2-Vente nationale d'énergie (GWh)

	2003	2004	2005	2006	2007	2008	2009	2010
BASSE TENSION	1 248	1 523	1 541	1 695	1771	1 889	2 527	2 100
Modéré	399	557	525	595	778	637	1 162	791
Général	375	417	400	428	395	533	613	589
Professionnel	258	345	342	361	339	434	504	479
Eclairage Public	184	167	234	230	220	239	204	197
Conventionnel	13	16	16	22	17	19	20	21
Gratuite	18	22	24	23	22	26	24	23
MOYENNE ET HAUTE TENSION	1 439	1 451	1 463	1 564	1 608	1 710	1 743	1 862
Privé	1 106	1 124	1 109	1 183	1 221	1 284	1 301	1 426
Administration	103	109	109	117	119	131	133	131
Autonome	92	74	87	95	94	99	99	98
Commune	3	4	4	7	9	4	4	4
Client groupe	90	96	101	95	99	109	111	112
Dégrevé TVA	30	30	33	25	32	39	44	40
Organisme	13	13	20	41	34	44	51	51
TOTAL DES VENTES	2 687	2 974	3 004	3 259	3 379	3 599	4 270	3 962

3-Pointe nationale

	2003	2004	2005	2006	2007	2008	2009	2010
Pointe (MW)	606	643	680	713	763	815	857	912

4- Vente à l'export

CLIENTELE	Interconnexion (année)	Energie exportée (MWH)						
		2003	2004	2005	2006	2007	2008	2009	2010
GHANA (VRA)	1983	988 062	925 397	858 886	656 443	426 706	282 670	195 809	92 708
TOGO - BENIN (CEB)	1994	269 772	388 861	414 631	272 383	223 853	182 670	154 875	35 697
BURKINA-FASO (SONABEL)	2001	67 120	93 182	121 947	135 642	119 611	130 870	129 816	339 459
MALI (EDM)*	1996	1 957	1 556	1 897	1 993	2 318	2 748	3 040	2 836
TOTAL DES VENTES		1 326 911	1 408 996	1 397 361	1 066 461	772 488	598 958	483 539	470 700

(*) Le Mali est relié au réseau ivoirien de l'électricité par la ligne HTA Ouangolo (33 kV)

Source : http://www.anare.ci/lemarche/lesprix.asp (Janvier 2013)

Prix de l'électricité
On distingue en Côte d'Ivoire sept (7) catégories tarifaires; le tarif de l'électricité en vigueur fixé par **l'arrêté interministériel n° 041/MC/MEF/MME du 30 décembre 2008** se présente comme suit:

⊞   Le tarif modéré domestique basse tension   ⊞   ⊞

Le tarif modéré domestique basse tension

Ce tarif, adressé aux ménages à faible niveau de revenu, couvre en 2008 70% du total des abonnés. Cependant leur consommation ne représente que 17% des consommations nationales. Il s'agit d'un tarif de structure binomiale dont la première tranche est de 80 kWh et la seconde, toutes les consommations au dessus de ce seuil. Ce tarif social comporte également une prime fixe.

70

TARIF MODERE DOMESTIQUE	F CFA(HT)	TVA(18%)	F CFA(TTC)
Prime fixe par bimestre (61 jours)	559	0	559
Redevance électrification rurale par bimestre			100
Prix du kWh jusqu'à 80kWh / bimestre	36,05	0	36,05
Prix du kWh au-delà de 80kWh / bimestre	62,7	11,29	73,99
Redevance électrification rurale par kWh			1,00
Redevance RTI par Kwh			2,00
Taxe communale Abidjan par kWh			2,50
Taxe communale autres communes / kWh			1,00

EXEMPLE : *Détermination de la facture bimestrielle (61 jours) d'un abonné au tarif modéré domestique basse tension, résidant dans la localité d'Abidjan*

Consommation	156 KWh
Puissance Souscrite	1,1 kVA (5 ampères)
Facture Energie	9066 FCFA
Redevance Electrification rurale	256 F CFA
Redevance RTI	312 F CFA
Taxe Communale	390 F CFA
Total Facture	**10 024 F CFA**

a   Le tarif général domestique basse tension

Le tarif général domestique basse tension

Le tarif général est un tarif conçu pour répondre aux besoins énergétiques de la plupart des consommateurs résidentiels. Le tarif général porte sur 18% de l'ensemble des abonnés et 15% de l'ensemble des consommations en 2008. Il comporte également une prime fixe bimestrielle reliée à la puissance souscrite ainsi qu'une structure binomiale dont la première tranche est de 180 kWh par kVA souscrit et la seconde toutes les consommations au delà des 180 kWh par kVA souscrit.

TARIF GENERAL BASSE TENSION	F CFA(HT)	TVA(18%)	F CFA(TTC)
Prime fixe par kVA par bimestre (61 jours)	1 176	211,68	1 387,68
Redevance électrification rurale par bimestre			100
Prix du kWh 1ère Tranche (180 kWh / kVA)	63,17	17,37	74,54
Prix du kWh 2ème Tranche (au-delà de 180 kWh / kVA)	52,76	9,5	62,26
Redevance électrification rurale par kWh			1,00
Taxe communale Abidjan par kWh			2,50
Taxe communale dans les autres commune par kWh			1,00
Redevance RTI par bimestre			2 000

EXEMPLE : *Détermination de la facture bimestrielle (61 jours) d'un abonné au tarif général domestique basse tension, résidant dans la localité d'Abidjan*

Consommation	348 KWh
Puissance Souscrite	2,2 kVA (10 ampères)
Facture Energie	28 993FCFA
Redevance Electrification rurale	448 F CFA
Redevance RTI	2 000 F CFA
Taxe Communale	870 F CFA
Total Facture	**32 311 F CFA**

Le tarif général professionnel basse tension

Le tarif professionnel est un tarif spécialement conçu pour les petits consommateurs qui développent une activité professionnelle (petite industrie, commerçants, etc...).

Le tarif professionnel présente les mêmes caractéristiques structurelles que le tarif général domestique. Il porte sur 11% du total des abonnés avec 12% de la consommation nationale. Cependant, le prix unitaire du kWh pour chaque tranche tarifaire est plus élevé au niveau du tarif professionnel.

TARIF PROFESSIONNEL BASSE TENSION	F CFA (HT)	TVA(18%)	F CFA(TTC)
Prime fixe par kVA par bimestre (61 jours)	1 411	253,98	1 664,98
Redevance électrification rurale par bimestre			100
Prix du kWh 1ère Tranche (180 kWh / kVA)	78,46	14,12	92,59
Prix du kWh 2ème Tranche (au-delà de 180 kWh / kVA)	66,73	12,01	78,75
Redevance électrification rurale par kWh			1,00
Taxe communale Abidjan			2,5
Taxe communale dans les autres communes par kWh			1,00
Redevance RTI par bimestre			2 000

EXEMPLE : *Détermination de la facture bimestrielle (61 jours) d'un abonné au tarif général professionnel basse tension, résidant dans la localité de Gagnoa.*

Consommation	56 KWh
Puissance Souscrite	2.2 kVA (10 ampères)
Facture Energie	8 850 FCFA
Redevance Electrification	155 F CFA
rurale	
Redevance RTI	2 000 F CFA
Taxe Communale	55 F CFA
Total Facture	**11 060 F CFA**

◘ Le tarif conventionnel domestique basse tension

Le tarif conventionnel domestique basse tension

Ce tarif est appliqué à certains employés du secteur électrique afin de leur faire bénéficier d'avantages liés à leur appartenance au secteur. C'est un tarif préférentiel appliqué aux employés du secteur ou d'autres consommateurs domestiques qui, selon les contrats collectifs de travail ou les ententes spéciales, bénéficient d'une réduction du prix de l'électricité. Ce tarif comporte un seul prix du kWh relié à la quantité d'énergie consommée.

TARIF CONVENTIONNEL DOMESTIQUE	F CFA (HT)	TVA(18%)	F CFA(TTC)
Prix du kWh	16,20	2,92	19,12
Redevance électrification rurale par kWh			1,00
Taxe communale Abidjan par kWh			2,50
Taxe communale dans les autres communes par kWh			1,00
Redevance RTI par bimestre (61 jours)			2 000

◘ Le tarif éclairage public basse tension

Le tarif éclairage public basse tension

Il s'agit du tarif appliqué aux municipalités afin de répondre aux besoins d'éclairage public pendant la nuit. Ce tarif comporte un seul prix du kWh relié à la quantité d'énergie consommée. L'éclairage public représente 6,6 % du total des énergies facturées.

TARIF ECLAIRAGE PUBLIC	F CFA(HT)	TVA(18%)	F CFA(TTC)
Prix du kWh	43,01	7,74	50,76
Redevance électrification rurale par kWh			1,00

◘ Les tarifs en moyenne tension

Les tarifs en moyenne tension

Les tarifs en moyenne et haute tension portent sur 0,3% du total des abonnés soit 2882 clients en 2008. Ces clients consomment 47,5% des énergies facturées en 2008. Ces tarifs sont fonction de l'horaire d'utilisation et du volume annuel d'heures d'utilisation de la puissance souscrite.

74

Tarif courte utilisation

	F CFA(HT)	TVA(18%)	F CFA(TTC)
Prime fixe annuelle par kW souscrit	15 975,22	2 875,54	18 850,76
Prix du kWh			
Heures pleines	53,89	9,70	63,59
Heures de pointe	83,39	15,01	98,40
Heures creuses	38,72	6,97	45,69
Redevance électrification annuelle par kW souscrit			1 700,00
Redevance RTI par mois			1 000

Tarif général

	F CFA(HT)	TVA(18%)	F CFA(TTC)
Prime fixe annuelle par kW souscrit	21 979,98	3 956,40	25 936,38
Prix du kWh			
Heures pleines	47,21	8,50	55,71
Heures de pointe	64,37	11,59	75,95
Heures creuses	39,06	7,03	46,09
Redevance électrification annuelle par kW souscrit			1 700,00
Redevance RTI par mois			1 000

Tarif longue utilisation

	F CFA(HT)	TVA(18%)	F CFA(TTC)
Prime fixe annuelle par kW souscrit	31 937,62	5 748,77	37 686,39
Prix du kWh			
Heures pleines	45,31	8,16	53,47
Heures de pointe	57,55	10,36	67,91
Heures creuses	39,39	7,09	46,48
Redevance électrification annuelle par kW souscrit			1 700,00
Redevance RTI par mois			1 000

	F CFA(HT)	TVA(18%)	F CFA(TTC)
Tarif spécial pour les complexes textiles			
Prime fixe annuelle par kW souscrit	71 851,05	12 933,19	84 784,24
Prix du kWh			
Heures pleines	19,63	3,53	23,17
Heures de pointe	30,34	5,46	35,80
Heures creuses	18,92	3,41	22,32
Redevance électrification annuelle par kW souscrit			1 700,00
Redevance RTI par mois			1 000

Heures Pleines : de 7h30 à 19h30 et de 23 h à 24 h
Heures de Pointe : de 19h 30 à 23h
Heures Creuses : de 00h à 7h 30
Courte utilisation : Nombre d'heures d'utilisation annuelle de la puissance souscrite inférieur à 1 000 heures
Général : Nombre d'heures d'utilisation annuelle de la puissance souscrite compris entre 1000 et 5000 heures
Longue Utilisation : Nombre d'heures d'utilisation annuelle de la puissance souscrite supérieur à 5000 heures

⊞ ⊟

◘ Les tarifs en haute tension

Les tarifs en haute tension

Les tarifs en haute tension présente les mêmes caractéristiques que les tarifs en moyenne tension aussi bien pour les tranches tarifaires que les types d'utilisation.

Tarif courte utilisation	F CFA(HT)	TVA(18%)	F CFA(TTC)
Prime fixe annuelle par kW souscrit	39 540,96	7 117,37	46 658,33
Prix du kWh			
Heures pleines	48,31	8,70	57,01
Heures de pointe	88,48	15,93	104,41
Heures creuses	27,25	4,90	32,15

	F CFA(HT)	TVA (18%)	F CFA(TTC)
Redevance électrification annuelle par kW souscrit			1 700,00
Redevance RTI par mois			1 000
Tarif général	53 492,17	9 628,59	63 120,76
Prime fixe annuelle par kW souscrit			
Prix du kWh			
Heures pleines	32,59	5,87	38,46
Heures de pointe	36,91	6,64	43,55
Heures creuses	27,72	4,99	32,71
Redevance électrification annuelle par kW souscrit			1 700,00
Redevance RTI par mois			1 000
Tarif longue utilisation	67 427,10	12 136,88	79 563,98
Prime fixe annuelle par kW souscrit			
Prix du kWh			
Heures pleines	29,17	5,25	34,42
Heures de pointe	32,59	5,87	38,46
Heures creuses	27,72	4,99	32,71
Redevance électrification annuelle par kW souscrit			1 700,00
Redevance RTI par mois			1 000
Tarif spécial pour la SIR	31 372,42	5 647,04	37 019,46
Prime fixe annuelle par kW souscrit			
Prix du kWh			
Heures pleines	52,64	9,47	62,11
Heures de pointe	87,72	15,79	103,51
Heures creuses	31,58	5,68	37,26
Redevance électrification annuelle par kW souscrit			1 700,00
Redevance RTI par mois			1 000

Heures Pleines : : de 7h30 à 19h 30 et de 23h à 24h

Heures de Pointe: de 19h30 à 23h

<u>Courte utilisation</u> : Nombre d'heures d'utilisation annuelle de la puissance souscrite inférieur à   1 000 heures

<u>Général</u> : Nombre d'heures d'utilisation annuelle de la puissance souscrite compris entre   1000 et 5000 heures

<u>Longue Utilisation</u> : Nombre d'heures d'utilisation annuelle de la puissance souscrite supérieur à   5000 heures

Les paramètres de calcul de la pénalité de dépassement de puissance

	Formule
Tg phi < = 0,62	1,6 x PF unitaire mensuelle x Dépassement
0,62 < Tg phi < = 0,75	3,2 x PF unitaire mensuelle x Dépassement
0,75 < Tg phi	4,2 x PF unitaire mensuelle x Dépassement

Les paramètres de calcul de la pénalité pour mauvais facteur de puissance

	Formule
0,75 < Tg phi < = 0,80	10,6% x (PF mensuelle + Montant des consommation)
0,80 < Tg phi < = 0,90	21,2% x (PF mensuelle + Montant des consommations)
0,90 < Tg phi < = 1,00	37,2% x (PF mensuelle + Montant des consommations)
1,00 < Tg phi < = 1,10	58,4% x (PF mensuelle + Montant des consommations)
1,10 < Tg phi	(79,6 + 21,2 x E(10 Tg phi – 11, 11)) % x(PFmensuelle+Montant des consommations)

78

www.ingramcontent.com/pod-product-compliance
Lightning Source LLC
Chambersburg PA
CBHW021121210326
41598CB00017B/1532